COMPTE RENDU

AUX. ACTIONNAIRES.

GRIGNON,

INSTITUTION ROYALE ET AGRONOMIQUE.

QUINZE ANS

D'EXPLOITATION ET DE DIRECTION;

par M. Caffin d'Orsigny.

LE 1ᵉʳ MAI 1845.

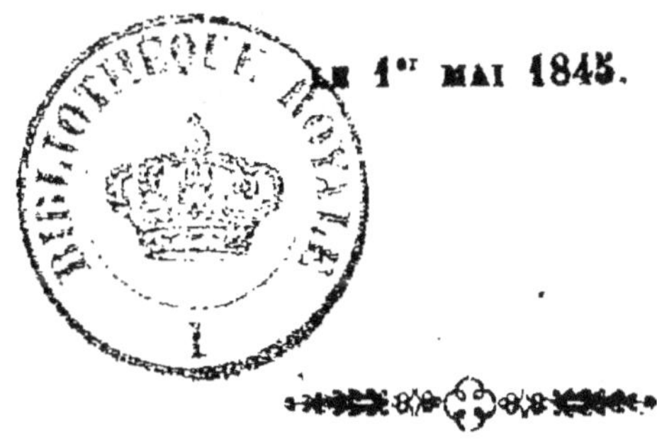

PARIS,

IMPRIMERIE DE A. HENRI, RUE GIT-LE-CŒUR, N° 8.

1845.

AU LECTEUR.

Le public a été saisi, par la direction de
Grignon, du débat qui s'est élevé entre elle
et moi.

Dans l'intérêt de l'institut et de la société

agronomique, j'aurais voulu que les graves questions soulevées par la discussion ne sortissent pas du cercle des actionnaires. Je dois aujourd'hui à moi-même de suivre la direction sur le terrain qu'elle a choisi; j'accepte le juge auquel elle en a appelé et je soumets à mon tour au public toutes les pièces de cette discussion.

Je publie, dans la première partie, les motifs de ma démission de membre du conseil d'administration;

Dans la deuxième partie, le rapport du conseil d'administration sur l'exposé des faits que je lui avais présenté l'an dernier, touchant la situation de Grignon;

Dans la troisième partie, mon rapport du 21 mai 1844 à l'assemblée générale des actionnaires, objet de ce débat;

On trouvera, dans la quatrième partie,

copie du bail fait par madame la duchesse d'Istrie à madame veuve Vavasseur, fermière qui a précédé la direction dans la culture du domaine ;

Je joins enfin les diverses opinions vainement exprimées par la presse quotidienne ou périodique sur les écarts d'une direction qui n'a pas cessé de persister dans son incompréhensible et fatal aveuglement.

—

PREMIÈRE PARTIE

A MESSIEURS

LES

ACTIONNAIRES

DE L'INSTITUTION ROYALE ET AGRONOMIQUE

DE GRIGNON.

—o—

Messieurs,

UNE année s'est écoulée depuis que, remplissant un devoir que m'imposait le mandat dont vous m'avez revêtu, j'essayais d'éclairer le conseil de la Société de Grignon sur la voie désastreuse dans laquelle la direction de cet institut me paraissait engagée.

Les faits signalés par moi étaient tellement graves, ils se présentaient, d'ailleurs, avec un

1

tel caractère d'authenticité, que le conseil dut nommer une commission d'enquête pour les apprécier.

La démarche que j'entreprenais devait, je l'avais prévu d'avance, être diversement jugée ; parmi ceux dont elle révélait les fautes, dont elle froissait les intérêts, elle devait soulever des récriminations amères ; pour les indifférents et les timides, pour une partie même des actionnaires qu'un hasard de cour avait jetés dans une affaire agricole, elle était un scandale qui éveillait leur curiosité, mais dérangeait des opinions toutes faites sur certaines personnes et sur certaines choses ; nous devions même trouver peu de sympathie dans le conseil lui-même dont nous troublions la quiétude, et qui pouvait se reprocher peut-être d'avoir, par trop de longanimité, laissé s'agrandir la plaie que nous mettions à nu.

Nous n'avions pour nous que les actionnaires qui font de Grignon une affaire sérieuse, affaire d'honneur plutôt qu'affaire d'argent ; les hommes qui jugent les faits indépendamment des intérêts et des personnes : c'est l'opinion de ces hommes qui nous a soutenu dans notre tâche, et aujourd'hui que nous l'avons remplie sans autre vue que le bien même de la chose, mû par le seul sentiment de notre devoir, sans aucune arrière-pensée personnelle, c'est encore à cette partie de l'opinion publique que nous venons soumettre le résultat final de l'enquête que nous avons provoquée. Le rapport de la commission d'une main, de l'autre notre exposé, nous venons demander si notre accusation était mal fondée, si chacune de nos assertions, au contraire, ne s'est pas vérifiée; si, malgré les artifices du langage et les précautions de la forme, la commission n'est pas venue confirmer tous les faits que notre exposé a dévoilés.

Parmi les faits, il en était deux qui dominaient l'ensemble de notre démonstration :

1° Le capital remis aux mains de la direction de Grignon, par la Société, par la liste civile et par voies diverses, avait successivement atteint, au 30 avril 1841, le chiffre de 510,851 fr. 89 c.

2° Le capital représenté aux actionnaires par la direction, au mois d'avril 1842, était, d'après la comptabilité, de 384,000 fr.

Mais ce capital renfermait, comme actif, des valeurs, les unes fictives, les autres éventuelles, d'autres enfin exagérées, qui devaient le réduire, suivant nous, de 141,000 fr.; d'où résultait qu'il ne restait, en capital net, que 241,000 fr., diminution du capital primitif, 269,851 fr. 89 c.

Le tableau de la formation du capital de Grignon, dressé d'après les livres mêmes, établissait le premier fait (1).

C'étaient des chiffres, la commission ne les a pas contestés.

Elle reconnaît (page 63 du rapport) qu'il est resté aux mains de la direction 71,304 fr. 73 c. de dividendes des actions, non autorisés ni perçus; nous disions, nous, 92,000 fr., parce que nous capitalisions les intérêts.

Elle reconnaît qu'il a été reçu, en entrant en exercice, 19,236 fr. 16 c. de fermages et produits de chasse antérieurement échus; la commission allègue que nous avions droit à cette bonification : nous y avions droit, d'accord; mais là n'est pas la question. Est-ce une recette qui soit venue grossir le capital d'entrée? Voilà le point à établir, et il est acquis.

La commission reconnaît encore (pages 64, 65) les 2,490 fr. de dons divers et les bénéfices de 63,220 fr. obtenus au moyen de coupes extraordinaires de bois et d'abatage de futaies.

Elle cherche, il est vrai, à atténuer ce dernier bénéfice en lui donnant le caractère d'une rentrée à laquelle la Société aurait droit; c'est là une erreur dans laquelle le directeur a entraîné la commission en soutenant que, en l'absence de ré-

____

(1) Voir ce tableau dans notre mémoire.

serves de la liste civile, les baliveaux appartenaient au fermier. La liste civile n'a pas dû faire
de réserve, car cette réserve est de droit ; l'usufruitier même ne peut abattre ces arbres, alors
qu'ils viendraient à mourir, sans une autorisation
du tribunal qui, en ordonnant la vente, ordonne en même temps que le montant sera joint
à la propriété. Ce que ne peut l'usufruitier est, à
plus forte raison, interdit au locataire ; c'est donc
bien un don qu'a fait la liste civile, et qui, comme
tous les autres dons, doit être porté au compte
capital et non au compte des produits de l'établissement, comme l'a fait la direction. Et qu'on
ne soutienne pas que le résultat est le même,
parce que tout, en définitive, aboutit au compte
capital : si on eût porté ces rentrées au compte
capital dès le principe, les actionnaires auraient
reconnu que les dividendes ordonnés et payés
jusqu'à ce jour n'étaient, en réalité, que l'équivalent de ces dons, sans lesquels il n'aurait pas
été possible d'en payer un seul, sans lesquels
M. Bella n'aurait pas prélevé, par je ne sais quel
abus d'interprétation, 2,064 fr. à titre de part,
dans de prétendus bénéfices, dont le conseil semble affecter d'éluder l'explication.

Enfin la commission n'a pas contesté davantage l'encaissement de diverses autres valeurs qui
complètent le chiffre que nous avons indiqué.

Elle a même ordonné la restitution à la liste

civile de 400 fr., prix d'orangers vendus; quant
aux 40,000 fr. de mobilier laissés également par
la liste civile dans le château, elle en ordonne la
recherche, recherche dont le résultat est fort
éventuel aujourd'hui : si on ne le retrouve pas,
il devra être restitué; si on ne l'a pas fait figurer
à l'actif, il est à craindre qu'il n'accroisse plus
tard le passif.

En résumé donc, sur ce point, il est établi par
nous et reconnu par la commission qu'il a été
remis ou laissé à la disposition de la direction
un capital effectif de 510,851 fr., si on en capi-
talise les dividendes, ou de 490,000 fr., si on
compte comme la commission.

Qu'est devenu ce capital?

Suivant le bilan dressé, par la direction elle-
même, le 30 avril 1842, la Société aurait alors
possédé, outre ses 307,600 fr. d'actions, 74,963 fr.
d'excédant d'actif sur le passif, en somme
382,563 fr.

Et d'abord, de cette position que se fait la
direction elle-même, que résulte-t-il? Que les
510,851 fr. sont réduits à 382,563 fr. : donc, ressources absorbées en seize ans d'exploitation,
128,288 fr.

Mais ce chiffre même de 382,563 fr., avons-
nous ajouté, est menteur; il faut en déduire des
valeurs fictives, des valeurs éventuelles, des valeurs exagérées.

Comme valeurs fictives, nous avons signalé

1.º 53,159 fr. d'engrais, les uns capitalisés, les autres devant faire retour au fonds, en échange de ceux reçus du fermier.

La commission reconnaît que ces engrais (ceux capitalisés du moins) ne représentent pas une valeur réelle : elle décide qu'ils seront rayés de l'actif au moyen d'un amortissement; mais elle rejette au même titre une somme de 23,653 fr., qui, sous le nom de frais de fermage, frais généraux, etc., etc., constitue une valeur irrecouvrable; elle forme du tout, en somme ronde, 50,000 fr. (pages 40 et 43).

	Suivant nous.	Suivant la commission.
Sur ce premier article, somme fictive..	53,159 »	50,000 »
Nous avons signalé : 1,000 fr. d'avances aux jardins, 1,500 fr. d'empoissonnement, La commission raye comme nous cet acte illusoire.	2,500 »	2,500 »
La commission reconnaît aussi que sur les 14,000 fr. de créances douteuses il y aura à peine 4,000 fr. à recouvrer.	14,000 »	10,000 »
TOTAL. . . .	69,659 »	62,500 »

Quant aux valeurs *éventuelles*,

Nous avons élevé des doutes sur l'admission, par la liste civile, des améliorations présentées par la direction, et dont le chiffre s'élevait, en 1842, à 49,000 fr. environ.

De ces améliorations, en effet, les unes sont fort contestables; c'est une mûraie, portée pour 4,490 fr.; création onéreuse, évidemment transitoire, faite pour l'école et qui doit disparaitre avec elle.

C'est un travail d'irrigation dont le résultat est tel, que, depuis son établissement, les prairies, qui donnaient un bénéfice net de 147 fr. 47 c. par hectare, n'ont donné depuis que 38 fr. 33 c.

Ce sont des travaux aux bergeries nouvelles; constructions malheureuses, remaniées tant de fois dans toutes leurs parties, sans qu'on y puisse reconnaitre encore des dispositions hygiéniques préférables à celles des anciennes, dans lesquelles les troupeaux du fermier prospéraient, tandis que les nôtres sont en perte constante.

Les autres améliorations ne sont que transitoires, qu'on nous permette l'expression, et seront renouvelées avant la fin du bail; car, comme l'a fait remarquer le conseil, les améliorations, même acceptées, doivent être conservées et rendues; tels sont les chemins, la machine à battre, les appareils de la féculerie, etc.

D'autres améliorations, enfin, grèvent la Société d'une charge d'entretien qui en amoindrit beaucoup l'importance.

Nous avions donc rejeté dans ce chiffre des éventualités une somme de 36,000 fr. environ d'améliorations foncières à recevoir à l'époque où nous écrivions.

Sur cet article nous sommes dépassé par le rapport du conseil d'administration : ce ne sont pas seulement 36,000 fr. d'améliorations foncières non reçues, mais 49,000 fr. qui constituent la partie de l'actif qui peut être remise en question; car (et c'est là une erreur dans laquelle a été induit le conseil par la direction) on ne s'est pas entendu préalablement avec l'administration de la liste civile avant de les inscrire au bilan de la Société, et rien n'est moins certain que leur admission.

	Suivant nous.	Suivant la commission.
Ainsi donc, valeurs éventuelles qu'on ne peut maintenir que provisoirement à l'actif..	36,000 »	49,000 »

Sans préjudice des charges d'entretien, dont les améliorations, déjà reçues pour 142,000 fr., grèvent la Société; charges qui, dans le système même de la commission, constituent une probabilité de dépense dont on ne peut prévoir les limites.

Reste à déduire de l'actif les valeurs exagérées : nous les avons estimées à 20 pour 100 du chiffre de l'inventaire mobilier, soit 38,000 fr.

La commission n'a pu vérifier le fait signalé, quant aux animaux; le temps écoulé depuis l'inventaire de 1842 et l'époque de ses opérations avaient changé, dit-elle, les rapports des choses; elle s'attache seulement à l'inventaire de 1843; mais celui-là précisément, fait sous le contrôle du conseil, met en lumière les exagérations de celui de 1841. La commission l'avoue elle-même (page 96); elle dit qu'il pouvait être très-vrai, suivant la remarque de M. Caffin, que des objets mobiliers, ayant déjà servi depuis plusieurs années, fussent encore estimés au prix du neuf.

Ainsi, résumant encore ce second point sur la réalité du capital,

Nous en déduisons comme fictif. . . . . 69,659 »
Comme éventuel. . . . . 36,000 »
Comme exagéré. . . . . 38,000 »

143,659 »

La commission reconnaît comme fictif. . . . 62,500 »
Comme éventuel. . . . . 49,000 »
Valeurs exagérées. . . . . mémoire.

111,500 »

D'après l'enquête même il faut donc déduire du
chiffre de 382,566 fr., ci. . . . . 382,566 »
Celui de la commission de . . . . 111,500 »

Resterait en actif non contesté. . . . . . . 271,066 »

Nous avons reconnu que la direction avait reçu
510,000 fr. ; c'est donc, même d'après l'enquête,
la moitié à peu près de ses ressources qu'une exploitation de seize années a vue disparaître.

Entrant dans le détail de cette exploitation
désastreuse, nous avons indiqué les pertes principales qui composent le chiffre du déficit total :
nous avons vu que les bêtes à laine ont perdu
quatre fois leur capital, les bêtes à cornes tout
leur capital, les volailles sept fois leur capital ;
pertes qui, en quatorze ans, ne s'élèvent pas à
moins de 107,384 fr. ; pertes d'autant plus éton-
nantes que le fourrage est porté au débit des
animaux à 4 fr. le quintal métrique et le fumier 2 fr. le fumeron (1), que le lait se vend
12 1/2 centimes le litre, le bœuf, en moyenne,
1 fr. 20 cent. le kilog. et le mouton 1 fr. 40 cent.
le kilog., les volailles 3 fr. le kilog., les œufs
5 fr. le cent.

En présence de ces faits que devions-nous
conclure ?

_____

(1) Un fumeron peut fumer 50 centiares.

D'abord, que la comptabilité, qui pouvait égarer l'opinion de la Société au point de transformer un déficit énorme en 74,000 fr. de bénéfices, renfermait des vices auxquels il fallait apporter un prompt remède.

La conclusion de la commission a-t-elle été différente ?

Nous avons vu qu'elle a rayé les valeurs indûment créées par l'artifice de la comptabilité. A chaque pas perce son improbation : à propos du compte de bœufs (page 18), elle dit formellement que la manière de procéder de la comptabilité est vicieuse; (page 21), elle réclame le changement du compte de bois en aménagement et en magasin, comme n'étant *pas conforme à l'ordre logique;* elle blâme le désordre qui ne permet pas d'appliquer les 19,000 fr. de dividendes arriérés; (page 52), elle se plaint de ce que plusieurs comptes importants sont en souffrance depuis plusieurs années; (page 81), elle appelle des mesures rigoureuses d'ordre et d'économie, un budget qui ne laisse rien à l'arbitraire; (page 54), elle renouvelle ses plaintes, incessamment répétées, sur l'arriéré des comptes, arriéré qui se reproduit encore aujourd'hui.

Que devions-nous conclure encore ?

Qu'un résultat qui, après seize années d'exercice, se révèle par une diminution de plus de

200,000 fr. dans nos ressources, impliquait une situation fâcheuse.

Forcée de s'expliquer et de conclure à son tour, la commission a été moins explicite que nous; mais, à travers les ménagements du langage, sa conclusion n'est-elle pas la même?

Nous copions ses expressions :

« Non, la situation actuelle de Grignon n'est
« pas suffisamment bonne, absolument parlant,
« en ce sens qu'elle a besoin d'être améliorée
« (page 84). Elle n'est pas bonne, ajoute-t-elle,
« car, jusqu'à présent, malgré les douceurs des
« conditions du bail, malgré le bénéfice des
« coupes anticipées de futaies, le dividende ré-
« parti aux actionnaires a été à peine de 2 1/3
« pour 100 du capital versé par eux. »

Mécontente du présent, la commission se rejette, il est vrai, sur les espérances de l'avenir; suivant elle on a semé pendant seize ans, le moment de la récolte approche. L'exercice de 1842, le dernier dont il ait été rendu compte à la Société, a produit un bénéfice de 31,277 fr.; c'est le commencement de la réalisation des promesses de la direction..... A aucune époque, d'ailleurs, disait encore la commission (page 107), Grignon ne s'est trouvé, sous le rapport financier, plus à l'aise, plus libre de ses mouvements; il a

30,000 fr. en caisse, des denrées en magasin et une belle récolte en perspective.

Eh bien, messieurs, tout cela était encore une illusion ; les résultats de 1843 ne sont pas encore publiés, mais tout nous fait pressentir qu'ils seront inférieurs à ceux de 1842 ; il y aura perte comme toujours, car ce n'est pas un bénéfice qu'un intérêt de 4 pour 100 du capital des actions. Tout nous fait prévoir aussi que les résultats qu'on nous présentera l'an prochain seront identiques ; mais ce qui est positif déjà, c'est que les recommandations faites par le conseil ont été, comme toujours, *oubliées* : cet éternel arriéré de la comptabilité nous laissera encore, cette année, incertain sur la situation présente de la Société ; ce qui est aussi positif, c'est que, pour nous servir de l'expression de la commission, l'instant de la récolte n'est pas arrivé, il faudra semer encore et à grands frais.

Pouvait-il donc en être autrement? un simple rapprochement des deux premières rotations écoulées ne devait-il pas convaincre le conseil que, loin de s'améliorer, la situation de l'établissement empirait à chaque révolution d'assolement? Sur quelles chances, en effet, reposent ces espérances? quels signes précurseurs annoncent que la situation s'améliore, que l'exploitation se perfectionne, que la richesse du sol augmente?

Loin de là, la direction nous promettait que, l'épreuve de la première rotation passée, la deuxième rotation commencerait une ère nouvelle, féconde en résultats. Eh bien, la deuxième rotation s'est achevée, et ses résultats sont inférieurs à ceux de la première.

Nous reproduirons ce rapprochement ici en un tableau résumé; un simple coup d'œil sur ce tableau pourra en convaincre les plus incrédules.

(Voyez le tableau.)

L'exploitation se perfectionne-t-elle?

Ce même tableau répond à la question. Toutes les dépenses s'accroissent; ainsi deux faits sont malheureusement démontrés : les ressources diminuées d'une part, les frais accrus de l'autre.

Mais, du moins, le sol renferme-t-il, comme on l'a prétendu, des trésors de fécondité?

Nous avons répondu à cette question : si cette richesse existe, elle doit se révéler 1° par des récoltes plus abondantes; 2° par la quantité d'engrais mis en terre.

Les récoltes, la commission l'a reconnu, sont restées en masse à peu près dans les mêmes conditions, un peu supérieures pour les céréales, inférieures pour le colza, les racines, les pailles et les fourrages (page 88), mais en produit net la diminution a été progressive.

Les engrais enfouis, malgré les efforts de la comptabilité pour leur attribuer une importance fantastique, n'ont pas augmenté, nous l'avons prouvé par des chiffres ; on nous en a opposé d'autres, il est vrai, mais on a compris, dans la première rotation, deux années pendant lesquelles la Société n'exploitait qu'une faible partie du domaine. Il est une autre preuve beaucoup plus concluante, c'est l'état des matières productrices du fumier; il est évident qu'en l'absence de ces matières les fumiers ne pouvaient se créer.

Tous les cultivateurs savent parfaitement, 1° que les animaux nourris de manière à être engraissés rendent, en fumier, les deux tiers environ du poids des aliments, calculés à l'état sec, qu'ils ont consommés; 2° que les animaux nourris de manière à être seulement en bon état rendent moitié ; 3° que les animaux mal nourris ne restituent plus au fumier qu'un tiers.

Puisque la commission a trouvé les animaux en bon état, il faut admettre qu'ils ont rendu, en fumier, la moitié du poids des aliments consommés (le tout calculé toujours à l'état sec); mais le fumier à l'état normal (à Grignon du moins), contenant les trois quarts d'eau, il faut encore conclure que le fumier produit dans notre établissement doit équivaloir, en poids, à la moitié des fourrages, pailles, racines, etc., le tout réduit à l'état sec, plus 75 pour 100 poids de l'eau de saturation.

Nous avons eu la patience de réduire à l'état sec, par le calcul, les consommations des animaux de Grignon pendant l'année 1841-42; nous les avons résumées dans le tableau suivant :

TABLEAU

des récoltes de fourrages, racines et légumes consommés par les animaux du domaine de Grignon, pendant les années 1841 à 1842; les fourrages verts et les légumes réduits à l'état sec.

24 h. 20 c.	Pommes de terre..	300	hect. à 70 k. l'un, 21,000 k. à 25 p. 100 p. l'état sec.		5,250
5 33	Betteraves.	194,577	kil. à 14 p. 100, à 14 p. 100	*id.*	27,240
1 25	Carottes, navets, topinambours.	28	hect. à 60 k. l'hect., 1,630 k. à 14 p. 100	*id.*	235
116 79	Fourrages verts.	603,575	kilos à 20 p. 100	*id.*	120,715
	Fourrages secs.	58,675	bottes à 5 k. 1/2..		322,711
	Pailles de céréales.	33,175	bottes à 5 k.		165,875
97 »	Menue paille..	4,719	sacs à 10 k.		47,190
27 53	Pailles oléagineuses.	5,570	bottes à 7 k.		38,990
	Résidu de fécule..	115,470	kilos à 12 k. p. 100.		14,433
10 »	Herbes des bois et gazons.	2,045	bottes à 7 k. 14,315 à 20 p. 100	*id.*	2,863
	Seigle..	7,700	litres à 70 k. l'hectolitre.		5,390
	Avoine..	125,376	litres à 50 k. l'hectolitre.		62,660
	Orge.	37,449	litres à 67 k. l'hectolitre.		25,091
	Son.	8,857	litres à 25 k. l'hectolitre.		2,214
282 10	TOTAL, valeur sèche.				840,850 k.

Ce chiffre de 840,850 kilogr. de fourrages secs donne, pour la moitié supposée restituée aux fumiers, 420,425 kil. de fumier; ajoutons à ce fumier trois fois son poids d'eau, nous avons 1,681,700 kilogrammes, soit 4,671 fumerons du poids de 360 kil., et non 7,627 fumerons, comme l'annonce la direction.

Or un fumeron, dans une bonne fumure, couvre 50 centiares; Grignon a donc produit, en 1842, suivant notre calcul, la fumure de 23 à 24 hectares, suivant M. Bella de 38 hectares. La contenance de la ferme est de 288 hectares environ.

Est-ce là une fumure qui puisse donner au sol cette surabondance de fécondité sur laquelle la commission fonde ses espérances?

Quant à l'argument qu'on voudrait tirer, en faveur de l'amélioration du sol, de l'estimation à 100 f. l'hectare donnée par M. Pasquier, nous en avons fait justice; nous avons démontré que le précédent fermier louait 80 francs, par bail notarié, datant aujourd'hui de vingt-quatre ans (1). Par le seul résultat de l'augmentation

---

(1) Voyez, aux annexes, le bail des fermes de Grignon fait par madame la duchesse d'Istrie au profit de madame veuve Vavasseur, devant Mᵉ Fourchy, notaire, à Paris, le 6 mai 1821.

survenue, depuis cette époque, dans le fermage des terres, cette valeur locative de 100 francs aurait été dépassée à Grignon ; nous n'en voulons pour preuve que le relevé des baux à ferme des terres des hospices, qui constate que, depuis cent cinq ans, les fermages ont augmenté de cinq fois leur valeur et doublé tous les vingt-deux ans (1).

En présence de ces faits et de ces calculs, pouvions-nous, devions-nous partager les illu-

---

(1) Lettre de M. Dupleix, administrateur du domaine des hospices de Paris, à M. Caffin d'Orsigny, le 19 décembre 1843.

« Vous m'avez prié de vous faire connaître le prix de « location, en argent, de nos fermes, d'après les baux « anciens, afin de les comparer avec ceux des baux ac- « tuels. Il résulte, d'un état comparatif que j'ai fait dres- « ser en 1833 et qui a été joint à une délibération du « conseil général des hospices du 4 décembre, même « année, que les principales propriétés rurales de ces « établissements, qui étaient exploités en corps de ferme « pour une superficie totale de 7,793 arpents 53 perches « 37 centièmes à diverses mesures, n'étaient affermées, « en 1730, que 49,605 fr. 18 c. ; tandis que les mêmes « biens, d'après les baux de 1830, c'est-à-dire un « siècle plus tard, rapportaient 221,212 fr. 82 c., c'est- « à-dire plus de quatre fois le revenu qu'elles donnaient « en 1730. »

sions d'avenir manifestées par le conseil ? ne devions-nous pas sonder le mal dans sa racine et en rechercher les causes?

Ces causes, nous les avons trouvées dans une exploitation vicieuse :

Vicieuse dans l'organisation première de son système et de ses spéculations;

Vicieuse dans sa marche, par suite du défaut d'ordre et d'économie.

Ici encore, c'est au rapport même de la commission d'enquête que nous demanderons la confirmation de ces griefs.

Les vices du système d'exploitation, l'enquête les reconnaît à chaque pas. Loin d'adopter relativement à l'assolement (et ici par assolement nous n'entendons pas seulement la rotation des récoltes), les idées de la direction , elle veut, comme nous , que l'exploitation ne reste pas enchaînée en esclave à une succession de récoltes adoptées; elle repousse dans celle de Grignon cette sole de fourrages annuels dont les pertes sont tellement constantes, que le directeur même reconnaît enfin la nécessité de les modifier (page 16).

Les spéculations sur les animaux, si intimement liées à l'assolement, ont donné des pertes tellement énormes, que la commission sent le besoin d'en faire une étude particulière. L'engraissement des bœufs, qui en 1842 donne une perte de 200 fr. par tête, soulève surtout sa critique ; quant à la spéculation d'élève d'animaux de l'espèce bovine, elle croit utile de la restreindre aux nécessités de l'instruction.

Dans le but d'éprouver si les bêtes flamandes donneraient moins de perte que les autres, M. le directeur se décida à faire acheter sept vaches de cette race ; mais, au lieu de faire accompagner son fils par le vétérinaire de l'institution, homme très-habile dans la connaissance du bétail, M. Bella fils se rendit seul à la Chapelle-Saint-Denis, où il acheta sept vaches laitières faites ainsi que cela convient aux nourrisseurs de la capitale, mais qui n'étaient plus, à beaucoup près, dans les conditions recherchées par les éleveurs. Il ne suffit pas d'avoir vu l'Angleterre pour être un connaisseur habile ; ces malheureuses bêtes étaient hors d'âge, et elles apportaient le germe de la péripneumonie...... M. F. Bella fils n'aurait pas pu faire mieux s'il avait voulu prouver que les vaches flamandes ne valent pas celles de Suisse, pour lesquelles son père avait une prédilection outrée.

Les spéculations accessoires de la fabrique d'instruments de la murale donnent également des pertes que la commission signale comme nous : telle est la décadence de la fabrique d'instruments, que le conseil a été sur le point d'en décider la suppression ; il la conserve pour les besoins seulement de l'école, en la resserrant dans les limites les plus étroites.

Pour excuser cette décadence, la direction allègue la concurrence des fabriques rivales. Est-ce à dire que Grignon est dans de telles conditions qu'il ne puisse soutenir cette concurrence ? N'est-ce pas plutôt parce qu'il n'a pas su se tenir au niveau de l'industrie, étudier ses besoins et les ressources de la mécanique agricole ? La fabrique de M. de Dombaslé a survécu à Roville et s'étend chaque jour. Dans l'année qui vient de s'écouler, il est sorti 513 instruments de ses ateliers pour le seul département de la Meurthe.

Il ne faut pas chercher, ailleurs que dans la mauvaise direction imprimée aux mûriers par M. F. Bella, la cause des pertes continuelles que nous offre le compte de la mûraie. Élève de M. Camille Beauvais, M. F. Bella a affecté de fouler aux pieds les préceptes de son maître ; il en est résulté que les mûriers taillés par ses ordres, au moment de l'éducation des vers, poussaient, au mois d'août, de jeunes ramilles incapables de résister aux gelées de l'automne. Sous l'empire de cette méthode vicieuse, les mûriers n'ont pas tardé à se transformer en buissons. Au lieu de ces ramifications droites et élancées qui caractérisent les arbres bien conduits, les mûriers de Grignon ne présentaient sur les branches mères que de misérables brindilles, chargées de fruits, il est vrai, mais auxquelles pendaient çà et là quelques feuilles chétives qu'il fallait cueillir les unes après les autres et à grands frais.

Nous pouvons affirmer que les mûriers de Grignon, à âge égal, se sont toujours tenus de près de moitié au-dessous de la production moyenne des bonnes plantations; aussi un de nos agronomes les plus distingués, grand propriétaire dans le Midi, disait-il, après une visite à Grignon, qu'il n'y avait qu'un bon parti à tirer des mûriers, c'était de les arracher pour en faire des fagots.

Ces reproches sont tellement fondés, que M. F. Bella lui-même en a tardivement reconnu la justesse; il a fini par où il aurait dû commencer, en faisant appel à la générosité de M. Camille Beauvais, qui a bien voulu charger un de ses employés d'aller tailler les mûriers de Grignon, et réparer, autant que possible, les fautes graves de l'écolier présomptueux. La profondeur du mal exigeait un remède énergique; il a donc fallu, l'année dernière, rabattre, à 1 mètre environ au-dessus du sol, des arbres déjà vieux de plantation. Nous ne doutons pas du succès de l'opération, si toutefois l'ébourgeonnage est confié à des mains intelligentes ; mais , au point de vue financier, le prix de revient de ces malheureux mûriers sera-t-il jamais couvert par les produits ?

La féculerie, excellente annexe d'une exploitation qui, comme Grignon, a de l'eau en abondance, est la seule industrie qui ne se présente pas en perte en 1842 ; mais depuis sa création elle a perdu 7,744 fr. 25 c., quoique les frais de premier établissement, pour lesquels la liste civile nous a tenu compte de 30,600 fr. d'améliorations foncières , ne lui soient pas comptés. La commission a paru étonnée que le produit en fécule n'ait été que de 11 pour 100 du poids de la pomme de terre, rendement moyen bien inférieur à celui obtenu par les autres fabriques. Elle attribue ce faible rendement à l'imperfection du tamis, c'est une erreur ; un examen plus approfondi lui eût dévoilé une autre cause. Un simple calcul des parties constituantes de la pomme de terre l'eût mise sur la voie ; ce tubercule rend 17 à 18 pour 100 de fécule, et donne un résidu de 6 à 7. Si on a moins de fécule, on aura plus de résidu ; puisqu'à Grignon on n'obtient que 11 pour 100 de fécule, il doit rester 13 de résidu. Mais cette quantité est beaucoup moindre ; elle se trouve être exactement en rapport avec la quantité de fécule obtenue ; l'erreur vient donc de ce que la quantité de pommes de terre soumise à la râpe est inexacte. On exagère la récolte de pommes de terre pour faire ressortir les bénéfices de la culture.

Le système d'exploitation pèche dans son organisation; il pèche, avons-nous ajouté, dans sa marche et sa direction, par l'absence d'ordre et d'économie. « L'ordre et l'économie, telle doit être la devise de Grignon et de toute administration qui veut prospérer. » Ce sont les propres paroles du rapport de la commission.

La commission elle-même a jugé jusqu'à quel point la direction est restée fidèle à cette devise; elle a formulé d'une manière générale son opinion. Nous copions encore : « Les dépenses de toute nature ont-elles été excessives? » Le conseil ne répondra pas par une dure affirmation, mais il dira : Oui, certaines dépenses ont excédé peut-être les limites dans lesquelles il eût été à désirer qu'elles fussent restreintes (page 86).

Nous trouvons la commission plus explicite encore dans les détails.

Nous avons signalé les frais exorbitants de main-d'œuvre dans les soins donnés aux animaux (1), l'entretien des pépinières, bois, jardins,

____

(1) Voir le tableau page 27.

TABLEAU

représentant la dépense faite en main-d'œuvre seulement pour les soins donnés aux animaux, et la perte qu'ils ont occasionnée pendant l'exercice 1840—41.

Pages du compte rendu.	DÉSIGNATION.	Dépense.	Perte.	Profit.
3	Pour les chevaux.	1,196 58		
4	Pour les bœufs.	1,205 19	279 17	
4	Pour les bœufs à l'engrais.	108 »		
5	Nourriture et gages des vachers.	1,404 69	6,247 58	
6	Nourriture pour les génisses.	1,513 70		
7	Nourriture et gage du porcher.	733 18	. . . .	2,778 71
8	Gages du berger et aide pour le troupeau d'élevage.	1,058 50	2,776 30	
9	Nourriture et gages du berger et aide pour les bêtes d'engrais. .	757 79	1,458 37	
9	Gages et nourriture de la fille de basse-cour pour les volailles. .	552 83	166 »	
	TOTAUX.	8,530 46	10,937 50	2,778 71

prairies ; à chacun de ces comptes la commission insiste sur la nécessité de réduire les dépenses (*voir* pages 16, 21, 26.)

Nous avons critiqué le nombre excessif des animaux de travail ; la commission (page 26) demande qu'on en réduise le nombre.

Nous avons établi que les frais de main d'œuvre avaient augmenté dans une forte proportion dans la deuxième rotation ; la commission formule ce fait en chiffres. On lit, en effet, page 86 : « *La surélévation n'est pas moindre, par hectare, de* 110 fr. 24 c. » Soit, pour 650 hectares ensemencés en céréales dans le cours de la deuxième rotation, 71,798. La commission, qui reconnaît tous ces faits dont on ne pouvait, d'ailleurs, nier l'évidence, en atténue la gravité ; elle trouve une excuse à ces frais de main-d'œuvre dans les sentiments philanthropiques de la direction, d'après les vues généreuses de la liste civile, manifestées par M. le duc de Doudeauville ; *la population environnante* devait, dit-elle, se ressentir du voisinage de Grignon. M. Bella a pensé qu'il devait fournir du travail et des salaires à ceux qui en avaient besoin..... Pour qu'une telle excuse eût quelque valeur (morale du moins), il faudrait que M. Bella ne prît pas tous ses employés de ferme dans la Lorraine allemande et ses vachers dans la Suisse, ses bineurs dans des compagnies d'ouvriers émigrants.

Nous n'avons pas dû borner notre examen à la partie matérielle de Grignon; il y avait dans l'entreprise de Grignon un côté moral et scientifique qui en faisait plus spécialement une œuvre d'utilité publique et de progrès, c'était l'institut agricole destiné à donner à la fois l'enseignement oral par ses professeurs, l'enseignement exemplaire par sa culture, l'enseignement écrit par ses publications.

Il faut le dire, jamais en France la munificence du pouvoir n'avait octroyé à aucun établissement agricole des moyens plus larges pour remplir cette triple mission.

Que sont devenues ces puissantes ressources entre les mains de la direction de M. Bella, ressources tellement vivaces et fécondes, que Grignon n'a pu être détruit, ni par les troubles soulevés dans les rangs de l'école, ni par l'action presque toujours hostile de la direction contre le corps enseignant?

Jamais institut n'avait été mieux posé matériellement pour faire de grandes choses; si donc, au coin de la Lorraine, sur un sol ingrat, avec des moyens bornés, M. de Dombasle a conquis à Roville une réputation européenne, s'il s'est fait à lui-même le titre d'une gloire impérissable, s'il a donné au pays tout entier une impulsion magique, qu'eût-il donc fait près de Paris, au foyer du mouvement intellectuel, avec l'appui de toutes les puissances du jour (1).

Nous avons dit comment, en peu d'années, trois professeurs avaient perdu une position acquise, succombant sous des attaques réitérées, les uns parce qu'ils faisaient ombre à la direction, les autres parce que leur place était convoitée.

Nous avons dit comment le corps enseignant

---

(1) M. de Dombasle nous indique, dans son sixième volume, page 188, que, « pour qu'une ferme modèle « présentât de l'utilité, il faudrait non-seulement qu'elle « fût administrée avec autant d'économie qu'un particu- « lier devrait le faire pour son propre compte, mais « aussi qu'elle offrît un bénéfice raisonnable ; car ce n'est « qu'ainsi qu'on peut la présenter pour exemple aux « cultivateurs. Par ce motif, je pense que l'on devrait « forcer le directeur à conduire ses opérations d'une « manière profitable, en ne lui accordant d'autre traite- « ment qu'une portion des bénéfices annuels établis par « des inventaires vérifiés et contrôlés rigoureusement. »

Si, au lieu de payer M. Bella QUAND MÊME, comme nous le faisons annuellement (car, qu'il ait bien ou mal fait son devoir, nous l'avons toujours bien payé, bien logé, chauffé et éclairé; nous lui laissons même des do- mestiques, une voiture et des chevaux à ses ordres, comme s'il faisait bien son service), M. Bella n'avait eu d'autre traitement, pour vivre avec sa famille, qu'une partie des bénéfices nets, il est évident qu'ils seraient tous morts de faim.

de Grignon, qui renferme des talents jeunes et vigoureux, pleins de séve et de vie, qui ne demandent qu'à se manifester au monde agricole, ne les conserve qu'à la condition qu'ils ménageront toutes les susceptibilités de la direction, tous les préjugés agricoles, qu'ils rapetisseront leur pensée au niveau de son système. Ainsi l'enseignement oral doit côtoyer sans cesse la culture, culture dont nous avons montré les vices et les résultats ; placé toujours dans cette alternative délicate ou de signaler des erreurs et de se mettre en hostilité avec une direction qui ne pardonne jamais, ou de proposer un exemple fâcheux, ou enfin (et c'est ce qui se passe) d'abandonner les méthodes de la ferme modèle, pour prendre l'autorité des leçons dans les faits du dehors.

Mais alors que devient l'enseignement ? Cet enseignement, messieurs, est malheureusement jugé en dehors, sa culture modèle est devenue proverbiale pour qui veut indiquer une culture ruineuse.

Reste l'instruction par la presse ; mais celle-ci n'est que le développement de l'instruction exemplaire. C'était une bonne pensée, messieurs, que la publication des *Annales*, c'était un moyen de fixer l'attention sur l'institut, de favoriser son développement ; c'était une voie de contrôle pour éclairer le public et nous-mêmes sur la valeur des travaux théoriques et pratiques qui se font dans l'établissement; c'était une arène ouverte où le talent des professeurs pouvait se manifester. Il y a quelques années, l'enseignement avait accepté avec empressement ce moyen de se produire au dehors; on annonçait même qu'une publication annuelle ne suffirait pas à la manifestation des travaux scientifiques de Grignon.... Depuis lors, les *Annales* ont cessé entièrement de paraître; c'est là un fait grave dont on doit demander compte à la direction. En voyant ainsi se briser toute communication de Grignon avec le public agricole, on se demande s'il ne se fait plus rien qui mérite l'attention, si le personnel scientifique est incapable de rien produire, ou si son action est paralysée par d'autres influences.

C'est donc encore un fait, malheureusement acquis, que l'enseignement exemplaire de Grignon est nul en présence d'une culture mal dirigée, que l'enseignement oral est paralysé et que l'enseignement écrit disparaît.

Et de là ressort encore cette triste vérité que nous croyons vous avoir démontrée, c'est que l'institut n'est plus qu'une industrie de la ferme : une industrie, ce n'est pas le mot; une spéculation, un prétexte, devons-nous dire.

Une spéculation, car c'est un débouché pour des produits qu'on ne pourrait vendre ailleurs;

et ici, messieurs, nos chiffres sont encore présents à vos esprits.

C'est un prétexte, c'est un manteau pour couvrir les fautes de la ferme : on porte, au débit de l'école, des frais généraux énormes; on excuse, par la nécessité de l'instruction, des spéculations onéreuses.

En résumé, ce que nous avons voulu démontrer, la commission d'enquête l'a reconnu exact dans presque tous les points capitaux sur lesquels elle avait à conclure.

Sur d'autres chefs, elle s'est abstenue; enfin, obéissant aux exigences d'une position délicate peut-être, cédant aussi, malgré elle, à un sentiment de répulsion contre une démarche qui mettait à nu des faits que l'administration s'était trop longtemps dissimulés à elle-même et qu'elle paraissait vouloir se dissimuler encore, elle a formulé ses opinions avec une réserve extrême, atténuant les faits les plus graves, apportant l'excuse à côté du blâme, se posant comme avocat plus encore que comme juge. Mais à travers toutes les réticences, toutes les précautions du langage, ressort de toutes parts l'aveu des faits que nous avions articulés.

Si, à côté de cet aveu, il nous convenait de placer des témoignages plus désintéressés dans la question, nous pourrions les trouver dans la presse agricole, dans la presse politique même. Déjà, depuis 1838, M. Bixio avait, dans le *Journal d'agriculture pratique*, appelé l'attention publique sur les résultats négatifs de Grignon ; plus tard, un de nos cultivateurs les plus distingués, M. Gérard de Blincourt, manifestait dans l'*Echo agricole* les mêmes doutes sur la prospérité de notre établissement. Alors que l'attention de la presse fut éveillée par les troubles fâcheux de l'école, des opinions non moins sévères se reproduisirent dans le *National,* le *Courrier français,* la *Démocratie pacifique*, non-seulement sur cet événement, mais sur la marche de l'exploitation tout entière. Nous pourrions recueillir dans le *Courrier français* un examen de la situation de Grignon, dont les conclusions sont conformes aux nôtres ; l'*Echo agricole* (1) lui-même, quoique bienveillant pour la direction, n'a-t-il pas com-

---

(1) Voir les numéros du journal d'*Agriculture pratique*, de juin 1838 et 1839, janvier 1840, janvier, février, avril, juin, juillet, août et septembre 1843 ; du *National,* des 28 mars et 4 avril 1843 ; du *Moniteur de la propriété*, du 31 mars 1843; du *Siècle,* du 1er avril 1843 ; de l'*Echo,* des 2 , 6 et 9 avril 1843, les 4 , 8 , 18 et 30 juin 1843 ; du *Courrier français* , des 9 et 10 avril, 29 mai et 1er août 1843 ; de l'*Office de publicité*, de juillet 1843 ; enfin le *Coup-d'œil*, par un actionnaire.

battu son système de capitalisation des engrais,
n'a-t-il pas fait justice des allégations de M. Bella
sur la valeur qu'il prétend avoir donnée au sol
par sa culture, en lui opposant, comme nous, le
bail des précédents fermiers ?

Faut-il vous citer encore ce jugement sévère
d'un de nos écrivains agronomiques les plus éminents, auquel le gouvernement a rendu justice en
l'appelant à l'une des premières places de l'administration agricole ? M. Royer disait, dans le *Moniteur de la propriété* :

« Il est sans doute très-beau de voir les noms
« des Mortemart, des Montebello, des Grouchy,
« des Mallet honorer de leur patronage l'institut
« agronomique de Grignon, mais il serait très-
« fâcheux que ce patronage purement nominal
« fût la cause principale des embarras de cet
« établissement; il en serait ainsi si ces noms
« très-honorables, mais complétement étrangers
« à l'agriculture, au lieu d'exercer sur l'institut
« de Grignon une surveillance active qui donne-
« rait à la direction un appui moral, puissant,
« se contentaient de figurer sur le prospectus de
« l'établissement, s'astreignant tout au plus à
« s'assembler quelquefois pour se répartir de
« misérables dividendes, dont la presse a contesté
« la légitimité, et pour donner sans examen leur

« approbation quand même aux rapports, quels
« qu'ils soient, de la direction. »

Nous laissons de côté d'autres organes de la
publicité dont l'assentiment viendrait confirmer
nos accusations. Le conseil nous a reproché d'a-
voir mis peu de mesure dans notre attaque; que
serait-ce donc si nous nous étions fait l'écho de
certains termes de la presse, si nous avions accueilli ce reproche fait à la direction d'accaparer
pour elle et les siens tous les traitements, de se
ménager des amis parmi les actionnaires, en
réservant, pour quelques-uns, la chasse de
Grignon, dont il a été offert 6,000 fr. par année?

Loin de nous ces personnalités blessantes!
Nous faisons la guerre aux abus et non aux
hommes.

Mais pourquoi chercher au dehors de la Société même? Demandez à la plupart des hommes
éminents qui se sont succédé au conseil pourquoi ils l'ont quitté; si ce n'était pas parce qu'ils
avaient reconnu un mal qu'ils étaient impuissants
à guérir, parce qu'ils avaient la conscience d'un
désordre contre lequel ils ne voulaient pas lutter.

Pour moi, comme ces messieurs, j'ai vu le mal,
mais je n'ai pas craint d'entamer la lutte; je l'ai
entamée alors que j'en prévoyais l'issue, car je
savais que c'était compromettre mon repos, sou-

lever des haines qui répondraient à mes révélations trop vraies par l'injure et la calomnie; mais je savais aussi quelle était la portée de la mission qui m'était confiée. Cultivateur, je voyais les dangers de la voie dans laquelle l'exploitation était engagée, j'ai donc cédé à un sentiment de devoir, à une conviction arrêtée; j'ai mis quelque vivacité dans l'attaque, cette vivacité le conseil la trouve inexplicable..... Pour nous, ce que nous trouverions inexplicable, ce serait qu'on pût assister de sang-froid à l'avortement d'une œuvre qui devait être féconde en résultats utiles, d'une œuvre qu'on a fondée, qu'on a suivie pendant quinze années, d'une œuvre qui touche à des intérêts dont on a fait l'étude de sa vie tout entière.

C'est parce que je suis intimement pénétré de ces vérités, qu'il ne m'est plus possible de rester dans une administration où je ne puis faire aucun bien, et qu'à l'exemple des hommes honorables qui se sont retirés, tels que MM. duc d'Escars, duc Ventadour, Polonceau, comte Sosthènes de la Rochefoucauld, duc de Doudeauville, Alexandre de la Rochefoucauld, Becquey et autres, et pour les mêmes causes, je donne ma démission.

Caffin d'Orsigny.

INSTITUTION ROYALE AGRONOMIQUE DE GRIGNON.

DEUXIÈME PARTIE.

RAPPORT

DU CONSEIL D'ADMINISTRATION.

Assemblée générale des actionnaires

DU 21 MAI 1844.

M. GODARD, RAPPORTEUR.

M. le directeur de Grignon a produit le compte de l'exercice 1842-43, lequel est le seizième de la jouissance de la Société, jouissance commençant au 27 mai 1827, date de l'ordonnance d'autorisation de la Société et de la confirmation du bail et des statuts.

Les résultats de l'exercice se trouvent dans le tableau ci-après de profits et pertes se soldant en bénéfice par. . . . . 31,277 fr. 16 c.

4*

Pertes.

Intérêts sur épargnes.	88 fr.	36 c.
Bœufs à l'engrais.	1,296	49
Bêtes à laine d'élevage.	1,961	49
Bêtes à laine à l'engrais.	290	32
Volailles.	83	27
Abeilles.	22	20
Première division. — Fourrages annuels.	2,656	33
Cinquième division. — Plantes sarclées.	686	55
Septième division. — Trèfle.	283	72
Mûraie.	338	67
Pépinière.	794	39
Potager.	293	50
Fabrique d'instruments.	704	38
Annales.	222	13
Solde du compte des sinistres.	1,687	»
	11,408	80

Profits.

Vacherie.	990	77
Porcs.	3,779	26
Magnanerie.	8	35
Deuxième division. — Céréales de mars.	4,600	23
Troisième division. — Céréales d'automne. . . .	5,873	»
Quatrième division. — Plantes oléagineuses. . . .	10,471	59
Sixième division. — Luzerne.	2,324	51
Huitième division. — Céréales de mars.	6,051	02
Neuvième division. — Prairies naturelles.	2,263	75
A reporter	36,361	48

	Report. 36,362	48
Hors division..	60	08
Bois en aménagement.	1,289	59
Oseraie.	2	95
Pièces d'eau.	730	16
Gibier.	711	45
Bois en magasin.	1,946	39
Fabrication de fécule.	2,030	63
Travaux pour étrangers.	44	65
Solde des exercices antérieurs.	452	80
	43,631	18
Perte à déduire des bénéfices.	12,354	02
Reste en bénéfice.	31,277	16

A quoi il convient d'ajouter pour bonification
sur les assurances, portée directement au crédit
de capital, ci. 334   65

Ce qui donne pour total de l'augmentation du
capital social.. 31,611   81

Report du capital en réserve disponible à la fin
de 1841-42, prélèvement fait du dernier divi-
dende autorisé, ci.. 62,755   73

Total, sauf dividendes ultérieurs. . . . 94,367   54

Ce résultat arithmétique est confirmé ainsi
qu'il suit par le tableau comparatif de l'actif et
du passif au 30 avril 1843.

Actif.

Matériel et produits de la ferme.	Mobilier de la ferme.	26,404 60		135,499 80
	Animaux.	69,628 40		
	Engrais non enfouis.	1,211 90		
	Denrées et produits en magasin.	38,254 90		
Avances à la culture.	Engrais enfouis, antérieurement à l'exercice.	30,519 52	53,927 24	98,965 50
	Engrais enfouis, en cours d'exercice.	23,407 72		
	Charges locatives.	17,031 26	23,652 »	
	Frais généraux.	6,620 74		
	Frais de culture.	21,385 96		
Avances diverses sur exploitations accessoires.	Aux pièces d'eau.	1,500 »		8,089 14
	A la pépinière.	5,589 14		
	Au jardin potager.	1,000 »		
Améliorations à imputer sur loyers à échoir.	Excédant des travaux reçus sur loyers échus.	25,561 26		74,883 08
	Travaux exécutés et non reçus.	49,321 82		
Spéculations accessoires.	Mobilier.	3,923 30		18,846 42
	Produits et matériaux en magasin.	14,923 12		

A reporter. . . . 336,283 64

Report. . 336,283 4

Avances à l'école.	Sur la pension des élèves boursiers.. 4,320 93		
	Sur la pension des élèves pensionnaires. 13,034 23	29,155 16	
	Sur ordonnances de fonds pour l'instruction. . . . 11,800 »		72,506 83
	Pour mobilier général. 25,653 88	32,078 73	
	Pour mobilier spécial de l'instruct. 6,424 85		
	A découvert pour frais d'instruction 1,037 91	11,272 94	
	A découvert pour dépenses générales de l'école.. . 10,235 03		
Valeurs en caisse, en portefeuille et en compte courant.	En caisse.. 10,724 31	11,328 06	
	En portef.lle. 603 75		26,231 89
	En compte courant pour solde général au débit des débiteurs et créditeurs divers.. 14,903 83		

Total de l'actif. . . . 435,021 66

Passif.

Capital dû aux actionnaires. . . . . 304,800 »			
Capital dû à la liste civile pour fumiers reçus. 3,928 86			340,654 32
Solde dû sur dividendes autorisés. . . 19,595 71			
Dû en compte courant	à MM. Mallet frères. 655 03		
	Encouragements aux élèves. . 317 90		
	à divers professeurs (comptes personnels). 3,913 54		
	à divers employés (id.). . . . 7,434 78		
	Amendes à distribuer.. . . . . 8 50		

Augmentation de capital ou bénéfice en réserve. . . 94,367 54 somme égale à celle ressortant ci-dessus à la suite du tableau de profits et pertes.

Des deux tableaux ci-dessus, l'un, celui de profits et pertes, ne concerne que l'exercice 1842-43; l'autre, celui de l'actif et du passif, se rapporte à l'ensemble de la gestion depuis l'origine de la Société jusqu'au 30 avril 1843.

Nous commençons, comme de raison, par celui se rapportant à l'exercice dont il est rendu compte.

Ce tableau présente, en ce qui se rapporte à la culture, les résultats en un seul chiffre final par division territoriale; mais comme quelques-unes de ces divisions comprennent plusieurs espèces de produits, et que, d'ailleurs, ce chiffre unique par division n'a rien qui satisfasse pleinement l'esprit et puisse y laisser des souvenirs motivés, il nous a semblé qu'un troisième tableau qui serait formé, chaque année, par nature de denrée, et présentant les résultats considérés sous divers points de vue, en masse et par hectare, serait bien plus propre à former l'opinion et à faciliter la comparaison des années successives; c'est ce qui nous a déterminé à composer celui ci-après , dont les éléments sont puisés dans le compte rendu sous forme d'extrait du grand livre.

TABLEAU des résultats de culture pour l'exercice 1842-43.

Note : tableau à 16 colonnes réparti ci-dessous en deux parties ; les trois premières colonnes (repères) sont répétées. La colonne centrale « DÉPENSE », placée sous la reliure, est peu lisible ; ses valeurs sont données au mieux.

Numéros des divisions	Nombre d'hectares	NATURE des dépenses	GERBES OU BOTTES. Total	Par hectare	HECTOLITRES. Total	Par hectare	DÉPENSE. total	par hectare
							fr. c.	fr. c.
2e divis.	10 57 33	Richelle de mars.	3,923 g.	371 g.	236 37	22 35	3,696 82	349 65
3e —	8 84 84	Richelle d'hiver.	4,398	498	232 »	26 29	3,145 83	355 52
3e —	12 81 93	Saumur d'hiver.	6,851	535	376 50	29 37	4,563 33	355 97
3e —	2 » 80	Blé anglais	690	342	36 »	17 92	721 43	359 28
8e —	21 48 23	Richelle de mars.	10,826	504	652 28	30 36	8,638 41	402 12
3e —	6 82 49	Seigle	3,195	482 1/2	191 50	29 86	2,133 08	312 54
2e —	21 83 20	Avoine	12,733	583	1,070 40	50 40	7,048 54	322 85
8e —	8 05 20	Orge	3,170	393	261 »	31 42	2,707 80	336 29
4e —	28 49 27	Colza	8,500 b.	298 b.	642 »	22 53	10,037 63	352 28
4e —	1 22 »	Pavots	550	»	6 »	5 »	434 95	356 52
5e —	24 27 »0	Pommes de terre.	»	»	5,668 50	233 50	10,664 02	439 39
5e —	4 64 70	Betteraves	»	»	2,485 »	534 75	7,073 11	1,522 30
1re —	37 60 60	Fourrages annls	27,200 lil. fourr. vert. 37,022 rat. pâture.	720 l. fourrage vert. 1,000 rat. pâture.	» »	» »	6,250 80	166 22
6e —	30 69 21	Luzerne	46,637 b.	1,500 b.	» »	» »	4,947 57	161 20
Hors div.	10 92 09	Luzerne	6,972	830	» »	» »	841 15	77 02
7e divis.	29 23 02	Trèfle (a)	»	»	» »	» »	4,022 39	137 61
9e —,	19 85 93	Prairies naturelles	29,758	1,500	» »	» »	3,092 58	155 73
Hors div.	2 10 66	Produits divers	»	»	» »	» »	319 49	151 66
5e —	1 05 09	Carottes	»	»	581 50	550 »	796 17	757 61
» » »		Culture dérobée.	»	»	» »	» »	119 80	» »
							76,460	» »

Numéros des divisions	Nombre d'hectares	NATURE des dépenses	PRODUIT total.	par hectare.	BÉNÉFICE total.	par hectare.	PERTE totale.	par hectare.	OBSERVATIONS.
			fr. c.	fr. c.	fr. c.	fr. c.	fr. c.	fr. c.	
2e divis.	10 57 33	Richelle de mars.	5,275 52	498 01	1,578 70	149 39	» »	» »	
3e —	8 84 84	Richelle d'hiver.	5,083 11	498 42	1,937 28	319 44	» »	» »	
3e —	12 81 93	Saumur d'hiver.	8,127 27	633 06	3,563 94	277 15	» »	» »	
3e —	2 » 80	Blé anglais	705 25	351 78	» »	» »	16 18	8 05	
8e —	21 48 23	Richelle de mars.	14,559 15	677 58	5,920 74	266 39	» »	» »	
3e —	6 82 49	Seigle	2,644 21	391 32	511 13	75 62	» »	» »	
2e —	21 83 20	Avoine	10,070 07	474 62	3,021 53	138 45	» »	» »	
8e —	8 05 20	Orge	2,838 08	352 46	130 28	16 18	» »	» »	
4e —	28 49 27	Colza	20,712 50	733 96	10,674 87	375 05	» »	» »	
4e —	1 22 »	Pavots	226 67	187 78	» »	» »	208 28	166 64	
5e —	24 27 »0	Pommes de terre.	8,502 75	383 19	» »	» »	2,161 27	89 03	
5e —	4 64 70	Betteraves	8,145 90	627 »	1,072 79	230 85	» »	» »	
1re —	37 60 60	Fourrages annls	3,594 47	95 58	» »	» »	2,656 33	70 63	
6e —	30 69 21	Luzerne	7,272 08	287 25	2,324 51	72 80	» »	» »	
Hors div.	10 92 09	Luzerne	1,057 34	97 80	216 19	20 75	» »	» »	
7e divis.	29 23 02	Trèfle (a)	3,838 67	127 84	» »	» »	183 72	9 76	(a) par hectare { 349 b. f. sec. / 4,766 k. de fourr. vert. / 549 rations de pâture. }
9e —,	19 85 93	Prairies naturelles	5,356 33	284 67	2,263 75	113 93	» »	» »	
Hors div.	2 10 66	Produits divers	163 38	77 46	» »	» »	156 11	74 20	
5e —	1 05 09	Carottes	1,198 20	1,140 16	402 03	382 56	» »	» »	
» » »		Culture dérobée.	6 63	» »	» »	» »	113 17	» »	
			104,577 58	» »	33,607 74	» »	5,490 16	» »	

Report de la perte 5,490 16

Reste en bénéfice net 28,117 58

RÉSULTATS DONNÉS PAR LES COMPTES DES ANIMAUX DE BASSE-COUR,

se rattachant essentiellement à la culture générale et aboutissant directement au compte de profits et pertes.

Report du solde en bénéfice des produits de la culture. . . . . 28,117 f. 58 c.

	Bénéfices.		Pertes.	
	fr.	c.	fr.	c.
Bœufs à l'engrais.	»	»	1,276	49
Vacherie.	(a) 132	77	»	»
Porcherie.	(b) 3,674	26	»	»
Bêtes à laine d'élevage. . .	»	»	(c) 2,349	49
Bêtes à laine à l'engrais. .	»	»	(d) 480	32
Volailles.	»	»	83	27
Chevaux.	»	»	(e) 146	»
	2,807	03	4,335	57
Différence en perte. .	528	54	ci à déduire. 528	54
	4,335	57		
Reste en bénéfice.			27,589	04

(*a*) Bénéfice suivant le compte de profits et pertes.. ... 990 77
A déduire pour sinistres.. . . . . 858 »

Reste en bénéfice.. . . . . 132 77

(*b*) Bénéfice suivant profits et pertes.. . . . . 3,779 26
A déduire pour sinistres. . . . . 105 »

Reste en bénéfice. 3,674 26

(*c*) Perte suivant profits et pertes. 1,961 49
A ajouter pour sinistres. . . . . 388 »

Perte totale. 2,349 49

(*d*) Perte suivant profits et pertes.. . . . . 290 32
A ajouter pour sinistres. . . . . 190 »

Perte totale. 480 32

(*e*) Les sinistres sur les chevaux, s'ils avaient été portés au
compte de chevaux, auraient réduit d'autant le solde en leur
faveur, qui a été reporté au crédit des frais généraux de la ferme,
et dès lors, pour rentrer dans les recommandations qui avaient
été faites au comptable, concernant les sinistres, il faut en faire
ici la déduction.

—◦◦◦—

OBSERVATION par P. S.

En bonne règle, on aurait dû comprendre dans ce
tableau le compte ouvert aux noyers et pommiers qui
sont en perte de 293 fr. 50 c., ce qui eût diminué
d'autant le bénéfice de la culture et l'eût réduit
à. . . . . 27,275 f. 54 c.

Ce troisième tableau, réunissant tout ce qui se rapporte à la culture et comprenant, par conséquent, tous les résultats des comptes d'animaux considérés ou comme instruments de travail ou comme objets de spéculation, fait ressortir un bénéfice net de.. . . . . 27,589 fr. 04 c.

Le bénéfice total étant, suivant compte de profits et pertes, de. 31,277 16

Tous les autres comptes aboutissant au compte de profits et pertes ne produisent que 3,688 12

D'où, déduisant, comme il est juste,

1° Pour bénéfice apporté par le compte d'exercices antérieurs 452 80

2° Pour bénéfice des bois en magasin provenant aussi des exercices antérieurs et qui avaient été estimés à des prix trop modiques, ci. . . 1,946 39 } 2,399 19

Il ne reste, pour tous les comptes non compris dans le tableau et se rapportant à l'exercice, que. 1,288 93

Et encore, faut-il remarquer que si le rédacteur du compte n'avait pas rejeté parmi les dépenses qu'il a considérées, à plus ou moins juste titre, comme valeurs locatives, les frais de plantation et de repeuplement des bois, montant à 4,903 fr. 58 c., ces comptes divers auraient, dans leur ensemble, donné une perte de 3,594 fr. 65 c.

Au surplus, ces classifications systématiques de dépenses n'ont pour effet que de constituer tel ou tel compte en bénéfice, au détriment de tel ou tel autre qui est constitué en perte, sans qu'il en résulte aucun changement dans le solde général et définitif.

En fait, il n'en est pas moins vrai qu'un bénéfice de 31,277 fr. 16 c., égalant plus de 10 p. 0/0 du capital des actionnaires, est très-satisfaisant, surtout si l'on ne perd pas de vue ce qui vous a été exposé plusieurs fois, savoir, qu'une portion très-notable de ce capital recevait, dans l'intérêt de l'instruction, des destinations à peu près improductives, financièrement parlant.

Ce résultat de 1842-43 est le plus beau que l'on ait obtenu jusqu'à présent; espérons que c'est le commencement de la réalisation des promesses que nous vous avons faites l'année dernière, au nom du directeur. Nous nous complaisons d'autant plus dans cette perspective, que, parvenu au terme de la deuxième rotation de l'assolement, après seize années d'études pratiques et théoriques, de travaux d'amélioration, de sacrifices, il est tout naturel qu'on obtienne le prix d'efforts et de méditations aussi soutenus ; en un mot, *qu'après avoir semé pendant seize années on arrive à la récolte.*

Dans cette conviction et pour éclairer sa marche, le conseil a fait procéder au dépouillement, au classement de tous les faits accomplis, afin de les apprécier à leur véritable valeur et d'en tirer l'instruction et les conséquences qui devaient en découler, et, pour mieux former son opinion et reconnaître les progrès successifs, les tableaux consacrés à ces dépouillements ont été divisés de manière à mettre en présence les résultats des deux premières rotations septennales de l'assolement.

Pour procéder à cet examen approfondi, le conseil a formé dans son sein une commission qui, malgré les hautes fonctions dont quelques-uns de ses membres sont investis, y a donné tous ses soins ; seulement il a fallu plus de temps, et c'est la cause pour laquelle vous avez encore été convoqués si tardivement, quoique le compte qu'il s'agissait de juger soit produit depuis quelques mois.

Quoi qu'il en soit, c'est par suite de cet examen que le conseil a été amené à prendre les diverses mesures dont il va vous être successivement rendu compte.

Ainsi que nous l'avons indiqué plus haut, nous allons jeter avec vous un coup d'œil sur le tableau des profits et pertes dont le troisième tableau doit être considéré comme une annexe.

Cette revue sera très-rapide, parce que déjà ce troisième tableau présente, en ce qui concerne la culture, les documents de détail que vous pouvez désirer.

Culture proprement dite.

Les céréales, qui dans leur ensemble avaient donné, en moyenne annuelle, 7 hectolitres de plus par hectare dans la deuxième rotation que dans la première, ont continué de marcher dans la voie du progrès.

La moyenne des froments, sauf l'exception ci-après, a été de près de 30 hectolitres par hectare; mais nous avons remarqué une pièce de 10 hectares, portant du blé richelle de mars, qui n'a donné que 22 hectolitres 35 décilitres à l'hectare, et, en remontant à la cause de cette exception, nous avons appris que cette pièce est une des plus ingrates de Grignon, et qu'en raison de sa nature on avait dû se trouver fort heureux d'obtenir un pareil produit. (En fait de froment, nous faisons abstraction d'un petit essai de blé anglais qui n'a pas été heureux, et n'a produit que 17 hectolitres 92 décilitres à l'hectare.)

Les colzas ont donné de fort beaux produits en graines et en argent.

Les racines et tubercules n'ont rien de remarquable ni en bien ni en mal.

Il en est de même des divers fourrages, sauf toutefois les fourrages annuels, qui ont continué de donner une perte notable, quoique moindre que celle de 1841 à 1842 : le directeur en est frappé, et va modifier l'emploi de la sole ordinairement consacrée à ce genre de culture.

Sur l'ensemble des cultures il est une observation essentielle à faire en ce qui concerne les céréales et les graines oléagineuses.

Le conseil avait vu avec regret que les frais de culture étaient, dans une proportion très-notable, plus élevés dans la deuxième rotation que dans la première.

Il est bien vrai que la valeur conventionnelle donnée aux engrais d'écuries, laquelle a été doublée à partir du dixième exercice inclus, explique, *mais en partie seulement*, cette différence défavorable à la deuxième rotation.

C'est pourquoi le conseil a remarqué, avec une grande satisfaction, qu'en prenant en considération les prix donnés aux engrais dans le seizième exercice, par suite de la mesure prise en 1838, les principales céréales, c'est-à-dire les froments, restaient pour les frais de culture, dans les limites de la première rotation, qu'il en était à peu près de même des racines et tubercules, et que les graines oléagineuses étaient tombées au-dessous. Les orges et les avoines seules étaient encore au-dessus, quoique inférieures à la deuxième rotation.

En somme, on voit que l'on marche d'une manière très-prononcée dans la voie de l'amélioration, et qu'à la faveur des nouvelles économies que le conseil prépare de concert avec le directeur, de nouveaux progrès dans cette voie se réaliseront nécessairement.

Animaux.

On voit au tableau que, quoique la porcherie ait procuré un bénéfice de 3,674 fr. 26 c., les animaux, dans leur ensemble, ont perdu. . . . . 548 f. 54 c.

Les comptes de la direction faisaient ressortir pour les animaux un bénéfice de. . . . 1,138   46

Différence totale de la perte au bénéfice. 1,687   »

Cette différence provient de ce que nous avons cru devoir faire rentrer au débit des comptes d'animaux le solde du compte de sinistres, que Grignon faisait aboutir directement au débit de profits et pertes pour cette même somme de 1687 fr.

Nous en avons usé ainsi, parce que la manière de procéder de Grignon était irrégulière sous le rapport de la comptabilité. En effet, il est évident que tout en maintenant pour ordre un compte de sinistres, si on le juge convenable, ce compte ne doit pas aboutir à celui de profits et pertes, et qu'en fin d'année, il faut le balancer par le débit des comptes qui ont subi les pertes : c'est ce que le conseil a prescrit pour l'avenir.

Une mesure analogue a été prise au sujet des bêtes à cornes *à l'engrais* et des bœufs de travail : tandis que ceux-ci présentaient un bénéfice de 1,974 fr. 94 c. reporté au crédit des frais généraux de la ferme, les bêtes à cornes à l'engrais présentaient, au débit de profits et pertes, une perte de 1,296 fr. 94 c. ; cela est encore contraire à l'ordre logique.

A Grignon, on ne se livre pas à la spéculation proprement dite de l'engrais des bêtes à cornes ; seulement, lorsque des bœufs de travail ou des vaches à lait ne sont plus propres à remplir leur destination, on cherche à les amener à un état tel qu'on en puisse tirer le meilleur ou le moins mauvais parti possible. Mais il est évident que, dans ce cas, la perte ou le bénéfice qui résultent de cette mesure doivent venir au débit ou au crédit des comptes auxquels appartenaient les animaux qu'on a voulu engraisser avant de les vendre.

Est-il dans l'ordre que cet engraissement donne de la perte, et surtout une perte de près de 200 francs par tête de bétail, comme il est arrivé en 1842-43? n'aurait-il pas mieux valu vendre les animaux dans l'état où ils étaient au moment de leur réforme? ou bien la perte n'est-elle qu'apparente, et ne proviendrait-elle pas de ce qu'on a donné aux animaux une valeur trop forte lorsqu'on les a fait passer au compte d'engrais, ce qui aurait fait gagner un compte au détriment de l'autre?

Ce sont autant de questions que nous livrons aux méditations du directeur.

En attendant, le compte des bêtes à cornes à l'engrais, tant qu'il existera, se balancera en fin d'année, par le débit ou le crédit des comptes primitifs d'animaux, conformément aux anciennes instructions.

Au surplus, il ne faut pas perdre de vue que, dans un établissement comme celui de Grignon, dans l'intérieur duquel on consomme tous les fourrages, il y a eu et il y aura toujours un certain arbitraire dans la manière de composer les comptes de culture de fourrages, d'animaux, et surtout des animaux d'élevage, attendu qu'en augmentant ou diminuant, soit le prix des engrais produits par les animaux, soit le prix des fourrages qui leur sont livrés pour leur nourriture, on peut les faire gagner ou perdre à volonté, en produisant l'effet précisément contraire sur les comptes de culture produisant les fourrages et consommant les engrais, sans que cela change en rien les résultats de la gestion dans leur ensemble.

Cependant cette observation, incontestable dans sa généralité, n'est pas applicable à la perte que donnent les bêtes à cornes à l'engrais, car cette perte n'est compensée par aucun bénéfice, si, par comparaison avec leur valeur vénale au moment où on les livre à l'engrais, elles ne gagnent pas tout ce qu'elles ont coûté en nourriture, soins et frais divers, jusqu'à ce qu'elles soient livrées à l'acheteur.

Du reste, quoique le compte de vacherie ne paraisse, après rectification en ce qui concerne les sinistres, en bénéfice que de 132 fr. 77 c., et que celui de la bergerie soit en perte de 2,829 fr. 84 c., ils n'en présentent pas moins, par comparaison avec l'année précédente, un avantage très-notable, qui n'est pas moindre, sur les vaches, de

6,380 f. 35 c., et, sur les moutons, de 1,404 f. 80 c., ce qui constitue déjà une grande amélioration ; et l'on peut espérer mieux encore, quand le conseil aura la solution de quelques questions qu'il fait étudier en ce moment, et tendant à rendre les troupeaux plus productifs ou moins dispendieux. Rien de plus à dire sur les comptes prenant place dans le troisième tableau auquel on peut recourir.

Bois en aménagement.

Les bois en aménagement donnent un bénéfice de . . . . 1,289 fr. 59 c.

Mais si, comme il eût été convenable, on les eût chargés de.   4,903   53

déboursés pour frais de plantation et d'amélioration , ils eussent été en perte de. . . . 3,613   94

Ce résultat est contre l'ordre naturel ; il provient de deux causes : 1° de ces frais extraordinaires de plantation et de repeuplement qui ne se reproduiront jamais dans une pareille proportion ; 2° de ce que le directeur, dans la répartition de ce qu'il considérait comme charges locatives, a grevé les bois de 4,987 fr. 43 c., c'est à-dire de plus de 55 pour 100 du produit brut de la coupe, qui a été de 9,423 fr., ce qui est véritablement excessif.

Quoique ces classifications et répartitions systématiques de dépenses n'affectent pas les résultats définitifs des comptes d'exercice, le conseil ne croit pas devoir les admettre, et, pour que ce qu'il considère comme n'étant pas conforme à l'ordre logique, suivant lequel les comptes doivent être établis, ne se reproduise plus, il a décidé que, dorénavant, tous les frais d'exploitation, d'entretien, de repeuplement et d'amélioration seraient, sans exception, mis à la charge du compte des bois en aménagement.

Bois en magasin.

Il reste toujours en magasin des bois provenant des coupes exploitées avant la clôture d'un compte d'exercice, quel qu'il soit, et ces bois y sont entrés sur estimation. Il est évident que, suivant que les évaluations ont été plus ou moins fortes, ou que les prix du commerce ont été plus ou moins favorables, le compte doit se trouver plus ou moins en perte ou en bénéfice.

Ce bénéfice ou cette perte, provenant, comme les bois eux-mêmes, des exercices antérieurs, doivent naturellement être reportés au compte ouvert à ces exercices, au lieu d'aboutir directement au compte de profits et pertes, et c'est ce que le conseil a cru devoir prescrire formellement.

Féculerie.

La féculerie a produit un bénéfice en argent de 2,030 fr. 63 c., ce qui n'est pas une mauvaise année par comparaison avec les précédentes. Cependant, le produit en fécule, qui n'est que 11 pour 100 environ du poids des pommes de terre, est inférieur à celui qu'obtient communément la fabrication du commerce. Cela tiendrait-il, en partie du moins, à l'imperfection des appareils construits dans l'origine de la Société, ou à leur détérioration, qui est telle aujourd'hui, qu'il faut les renouveler? la chose est possible, mais, comme ils vont être remplacés par d'autres qui seront au niveau des progrès de cette branche de l'industrie française, l'inconvénient signalé disparaîtra nécessairement.

Fabrique d'instruments aratoires.

Cette fabrique a gagné 7,527 fr. 85 c. dans la première période septennale; elle a gagné 370 fr. dans l'ensemble de la seconde période; elle a perdu 820 fr. 72 c. dans le quinzième exercice et 702 fr. 38 c. dans le seizième.

Il y a donc eu marche rétrograde très-prononcée provenant, entre autres causes, d'après les explications données, de ce que les ateliers de construction d'instruments aratoires se sont multipliés et perfectionnés, en sorte que beaucoup de cultivateurs trouvent maintenant à leur portée ce qu'ils étaient précédemment disposés à tirer de Grignon ; les demandes se sont donc réduites successivement dans une très-forte proportion.

Dans cet état, la première pensée de la commission avait été de renoncer à cette fabrication et de pourvoir aux besoins de l'établissement, en ce qui concerne l'entretien et le renouvellement de ces instruments et appareils aratoires, par les mêmes moyens que les autres cultivateurs.

Toutefois, avant d'arrêter son opinion, elle a dû entendre le directeur qui a insisté sur ce point, qu'il était indispensable, dans une institution comme celle de Grignon, de familiariser les élèves avec les procédés de fabrication des instruments aratoires, procédés qui devaient nécessairement entrer dans leur instruction pratique.

La commission s'est rendue à ces justes observations, sauf à prendre les précautions nécessaires pour que les pertes qu'avait données cette fabrication, dans les dernières années, ne se reproduisent plus. Dans cette intention, elle a pensé qu'il fallait cesser de s'exposer aux variations et

aux chances commerciales , et se borner à tra-
vailler pour les besoins de l'institution , et pour
l'extérieur , sur commandes faites à l'avance ,
sans rien emmagasiner en vue de spéculation.

La commission, d'ailleurs, en se reportant aux
comptes, tant des deux rotations septennales que des exercices 1841-42 et 1842-43 , a
reconnu que le débit du compte de fabrication
d'instruments était chargé 1° de sa portion affé-
rente de frais généraux et d'administration ; 2° et
éventuellement, du solde en perte du compte de
forge , lesquelles charges , par le fait , auraient
pesé sur les frais généraux de la ferme, et, par
suite, sur la culture , si l'atelier de fabrication
d'instruments n'avait pas existé, en sorte que, si
on avait opéré ainsi, ce qui eût pu se faire très-
logiquement, même dans l'hypothèse de l'existence de la fabrique, celle-ci aurait gagné davantage dans les deux périodes septennales ,
et n'aurait rien ou presque rien perdu dans les
quinzième et seizième exercices. Tels sont les
motifs pour lesquels la commission et le conseil,
sur le rapport de cette première, ont cru devoir
maintenir jusqu'à nouvel ordre la fabrication des
instruments aratoires, en la limitant comme il
est dit ci-dessus, et sauf au directeur à réduire ses
ateliers dans la proportion convenable.

Animaux de travail.

Depuis longtemps les chevaux étaient au nombre de 16 à 18 et les bœufs de travail en même nombre.

Comme la ferme proprement dite ne peut pas être évaluée à plus de cinq à six charrues comportant de quinze à dix-huit chevaux, y compris ceux nécessaires pour les déplacements du directeur et autres emplois analogues ; comme, d'ailleurs, les terres doivent maintenant être plus douces et plus faciles à cultiver que dans le cours des deux premières rotations, le conseil a pensé, d'accord avec le directeur, que, quant à présent, on pouvait réduire les animaux de travail à l'équivalent de dix-huit chevaux et de huit bœufs, en comptant deux chevaux pour trois bœufs, y compris les animaux nécessaires pour le service des bois, pour l'entretien des chemins et notamment pour l'école à la disposition de laquelle on doit habituellement tenir quatre bœufs, sauf, après l'expérience de cette première réduction, à examiner s'il est praticable d'en faire une nouvelle. Délibération est prise en conséquence.

Magnanerie.

La magnanerie a fait le pair, ce qui est fort rare ; elle a même gagné 8 *francs* 35 *centimes ;* mais la murraie a perdu 338 fr. 67 c., et comme ces deux comptes doivent être fondus en un seul, puisque la murraie n'est évidemment créée que pour les vers à soie, par le fait, il y a perte de 300 fr. 32 c. Maintenant que la murraie est assez forte pour fournir des feuilles en plus grande quantité que par le passé, on doit, sinon faire des bénéfices, au moins couvrir la dépense en faisant éclore une plus grande quantité de graine ; le budget est rédigé dans cette hypothèse.

Pépinière.

Elle a donné une perte de 792 fr. 37 c. C'est trop ; si on n'avait pas un emploi suffisant pour couvrir la dépense, il vaudrait mieux réduire la pépinière que de subir annuellement une perte sans compensation. La question sera étudiée.

Jardin potager.

Il a perdu 945 fr. 42 c. ; ce fait doit être considéré comme anormal; sans doute, on sait qu'un particulier perd toujours sur son jardin si l'on compare le prix auquel lui reviennent ses légumes avec le prix du marché, surtout s'il se livre plus ou moins à l'horticulture de luxe, et cela provient surtout de ce que sa production est, pour beaucoup d'articles, supérieure à sa consommation; mais à Grignon, où les consommateurs abondent et sont sur place, et où l'on peut généralement régler les quantités et les genres de denrées à cultiver, sur les besoins prévus de ces consommateurs, il semble qu'au lieu de perdre on devrait gagner.

Le conseil a fait à cet égard des recommandations toutes spéciales, afin qu'on modifie, en tant que de besoin, la direction du jardin. Elles seront sans doute suivies de bons effets.

Pommiers et noyers.

Ils ont perdu 293 fr. 50 c.; c'est le résultat des influences atmosphériques. On sait d'ailleurs que ces arbres sont très-variables dans leur manière de se comporter. Les bonnes récoltes doivent plus que compenser les mauvaises.

TABLEAU DE L'ACTIF ET DU PASSIF.

Toutes les valeurs figurant à l'actif sont-elles réelles? sont-elles réalisables? ne sont-elles pas forcées en certains points? Telles sont les questions qui se présentent. Pour y répondre aussi précisément qu'il est possible, du moins aujourd'hui, nous allons rappeler successivement les divers articles du bilan.

MATÉRIEL ET PRODUITS DE LA FERME.

Mobilier de la ferme

porté pour 26,404 fr. 60 c.

Le mobilier a été estimé d'après les bases adoptées pour les années antérieures, et comme il en est résulté, par comparaison avec les prix du précédent inventaire augmentés des frais de renouvellement et d'entretien, une réduction de 25 p. 100, il est naturel de croire que, dans l'ensemble, il ne doit y avoir rien d'exagéré. Toutefois il a été manifesté quelques craintes sur l'estimation, soit de certains objets en service courant, soit d'autres hors de service ou non susceptibles d'être utilisés pour quelque cause que ce soit. Sans rien préjuger sur le plus ou moins de fondement de ces inquiétudes qui ne peuvent rien avoir de grave, le mal, s'il existe à un degré quelconque, sera réparé par l'inventaire à la date du 30 avril dernier, car le conseil a spécialement chargé la commission de comptabilité de procéder à la vérification des prix de cet inventaire, de manière à former invariablement l'opinion sur le taux des évaluations.

Il a, de plus, demandé qu'on formât un état spécial des objets non utiles ou hors de service, afin d'aviser au moyen d'en tirer le meilleur parti possible, sans attendre qu'ils se détériorent davantage par le simple effet de la vétusté.

Nous présenterons ci-après les résultats des vérifications de la commission.

Animaux

portés pour 69,623 fr. 40 c.

Les observations ci-dessus sont absolument applicables aux animaux.

Engrais non enfouis. Denrées et produits en magasin.

Ensemble, 39,466 fr. 80 c.

Point d'observations.

~~~~~~~~~

SPÉCULATIONS ACCESSOIRES.

Mobilier,

3,923 fr. 30 c.

Mêmes observations que pour le mobilier de la ferme.

Produits en magasin,

14,923 fr. 12 c.

Point d'observations, sinon que les instruments aratoires fabriqués en avance ou en consignation, et qui sont en fort petit nombre, ont été soumis aux mêmes investigations que le mobilier.

~~~~~~~~~

VALEURS EN CAISSE, EN PORTEFEUILLE ET COMPTE COURANT.

Caisse,

10,724 fr. 31 c.

Non susceptible d'observations.

Portefeuille,

603 fr. 75 c.

En souffrance depuis longtemps ; les ordres sont donnés pour que, lors de la présentation du compte du dix-septième exercice , on soit bien fixé sur la question de savoir si cette somme est recouvrable en tout ou en partie.

Solde du compte général de débiteurs et créditeurs divers,

14,933 fr. 33 c.

Cet article embrasse un très-grand nombre, et nous dirons même un trop grand nombre de comptes. Le conseil ne peut se dissimuler qu'il n'y ait eu trop de lenteur dans l'apurement de tous ces comptes et dans le recouvrement des sommes qu'ils doivent produire.

Beaucoup des soldes au débit sont contestés en tout ou en partie; d'autres sont irrecouvrables par la situation des débiteurs, et, en pareille matière, les retardements sont toujours préjudiciables. Un tel état de choses ne doit pas subsister plus longtemps; le conseil a besoin d'être fixé sur la quotité du sacrifice auquel il faudra se résigner et qu'il croit ne pouvoir être au-dessous de 10,000 fr. Afin de savoir à quoi s'en tenir à cet égard, il a prescrit les mesures convenables pour régulariser tous ces comptes, pour faire rentrer tout ce qui est recouvrable et pour que, avec le compte du dix-septième exercice, il lui soit remis un travail détaillé et complet d'après lequel on passera au débit de profits et pertes toutes les sommes décidément irrecouvrables à quelque titre que ce soit, afin de ne conserver à l'actif que des valeurs réalisées ou réalisables.

AMÉLIORATIONS FONCIÈRES IMPUTABLES SUR LOYERS.

Travaux reçus et excédant le montant des loyers échus,

25,561 fr. 26 c.

Au premier abord, il semblerait que ce soit là une opération tellement consommée, qu'il n'y ait plus à y revenir et qu'il ne dût plus en résulter aucune charge pour la Société; mais ce serait une erreur.

Le produit du bail des quarante années, représenté par les 300,000 fr. d'améliorations foncières, doit bien rester entre les mains de la Société, qui en conserve la jouissance usufruitière; mais cette jouissance est nécessairement soumise à la condition d'entretenir et de remettre en bon état les objets dont la Société fait usage; ainsi cette somme de 25,561 fr. 26 c. doit, dans tous les cas, figurer à l'actif sans déduction aucune, mais sous la réserve que les frais d'entretien ou de renouvellement seront des charges de l'exploitation. C'est précisément ce qui a lieu cette année pour un article assez important.

Une machine à battre avec tous ses agencements et constructions en maçonnerie et charpente, y compris le bâtiment dans lequel elle a été établie, a été comprise dans la première réception des améliorations foncières pour 10,000 f. La Société a, comme de raison, fait usage de cette machine, qui s'est usée et détériorée de telle manière qu'il faut aujourd'hui en renouveler le mécanisme.

Le directeur hésite dans le choix à faire entre les divers systèmes aujourd'hui pratiqués ; c'est pourquoi il n'a pas encore produit le devis des travaux à exécuter et qu'il ne supposait pas dans l'origine devoir être au-dessous de 4,000 fr. ; mais, quelle que soit cette somme, il doit bien être entendu que, du moment où, à très-juste titre, on applique, à des loyers échus ou à échoir, la somme de 10,000 fr. pour laquelle a été reçue la première machine avec sa cage et tous ses accessoires, la somme à dépenser pour renouvellement du mécanisme ne peut, en aucun cas, trouver place dans le tableau de l'actif de la Société.

A l'époque où le conseil, conformément à l'engagement qu'il en a contracté l'année dernière envers vous, messieurs, cherche à réaliser toutes les améliorations dont l'institution est devenue susceptible après les deux premières révolutions de l'assolement, et à faire disparaître les imperfections qui n'ont pas été redressées pendant les années si pénibles et si laborieuses de la création, il a cru devoir fixer les idées sur cette question, qui ne manque pas d'importance.

Travaux non reçus,

49,321 fr. 82 c.

Ces travaux sont portés à l'actif comme devant être imputés, en cas d'admission, sur les 300,000 f. de loyer; ils ne peuvent figurer ailleurs. Ils ne doivent pas être susceptibles de réduction notable lors de la présentation qui en sera faite, attendu que, pour tous les objets principaux, on s'entend préalablement avec l'administration de la liste civile; toutefois il n'en est pas moins vrai que, tant que la réception n'en est pas prononcée, la discussion reste ouverte, aussi bien sur le principe de l'admission que sur les sommes, et que, par conséquent, la Société reste exposée à des réductions éventuelles dont le montant serait à déduire de l'actif tel qu'il est présenté aujourd'hui; c'est une expectative à laquelle il est impossible de se soustraire.

D'un autre côté, d'ailleurs, il y a une éventualité en sens contraire; c'est celle où, parmi les réparations locatives et usufruitières que fait la Société en obéissant aux nécessités qui se manifestent journellement, il y en aurait eu qui dussent rentrer dans celles de même nature qui étaient à faire au compte de la liste civile, mais par la Société, par imputation sur les 300,000 fr. On conçoit que, dans cette hypothèse, la Société aurait à faire la reprise du montant de ces réparations, et que ce serait autant à ajouter à son actif.

Le conseil, ne voulant pas rester dans l'incertitude à cet égard, a prescrit une vérification complète et détaillée dont le travail doit lui être soumis à l'époque de la présentation du compte du dix-septième exercice.

Dans cet état, il n'y a d'autre parti à prendre, quant à présent, que de maintenir, comme valeur effective à l'actif, la totalité des 49,324 fr. 82 c.

AVANCES A LA CULTURE.

Engrais enfouis antérieurement à l'exercice dont il est rendu compte,

30,519 fr. 52 c.

Peut-être vous rappelez-vous, messieurs, qu'en 1841, à l'occasion du jugement des comptes de 1838-39 et 1839-40, il vous fut rendu compté d'une grave discussion qui s'était élevée dans le sein du conseil sur une somme considérable représentant des engrais enfouis, mais non absorbés, et figurant à l'actif à titre d'avances à la culture.

D'une part, on soutenait que cette somme devait être maintenue à l'actif parce qu'elle exprimait un capital aussi réel qu'un approvisionnement en magasin, et même un capital productif, puisque la présence de ces engrais fertilisait le sol. Les contradicteurs, tout en reconnaissant que la dépense avait été bien faite, utilement faite, qu'elle était indispensable dans l'intérêt, tant de la liste civile que de la Société, prétendaient, d'autre part, qu'il n'en était pas moins vrai qu'elle ne pouvait être considérée que comme frais de premier établissement, qu'elle ne représenterait jamais aucune valeur réalisable en fin de bail, et qu'elle ne pouvait continuer de figurer à l'actif qu'autant que cette même valeur serait balancée au passif par un fonds d'amortissement qui s'accroîtrait, chaque année, jusqu'à ce que le niveau fût établi, sans que, d'ailleurs, cela pût porter aucune atteinte au système d'instruction et de comptabilité adopté par le directeur.

Après longue délibération, dont le résumé vous fut exposé dans le rapport de 1841, le conseil jugea qu'il n'y avait aucun inconvénient à ajourner la solution jusqu'à l'époque où il aurait à s'occuper du compte du seizième exercice formant la clôture de la deuxième rotation de huit ans.

Cette époque arrivée, la question s'est reproduite naturellement; mais, dans l'intervalle, l'opinion s'est mûrie, et le conseil est unanimement tombé d'accord sur les propositions suivantes.

1° Indépendamment des termes du bail, la Société considère, comme un engagement d'honneur, comme un devoir qu'elle remplira dans toute son étendue, l'obligation de remettre en fin de bail, à la liste civile, les terres de Grignon dans le plus haut degré de fécondité où elle les aura fait parvenir, et où elle les maintiendrait pour elle-même si elle était propriétaire.

2° Le capital représenté par les engrais qu'il a fallu enfouir pour améliorer les terres, et qu'il faut renouveler constamment au fur et à mesure de l'absorption, pour les maintenir à ce degré de fécondité, appartient en nue propriété à la liste civile; la Société n'en conserve que l'usufruit.

3° Le capital dont il s'agit n'est donc pas recouvrable en fin de gestion; par conséquent, il doit cesser d'une manière quelconque de figurer à l'actif, et il doit en disparaître, soit en une seule fois, soit graduellement et par prélèvements annuels jusqu'à extinction, soit par la création d'un fonds d'amortissement à former par des allocations annuelles jusqu'à ce qu'il s'élève au passif, de niveau avec le capital à amortir, lequel continuerait de figurer à l'actif.

En conséquence, le conseil, considérant, comme une dépense de premier établissement, le capital représenté par ces mêmes engrais figurant, au tableau de l'actif, sous le titre d'*engrais enfouis antérieurement à l'exercice*, s'est déterminé pour le mode d'extinction par voie d'amortissement en vingt-quatre ans, à partir du dix-septième exercice inclus, et tellement combiné qu'il n'en résulte, pour la direction et pour l'école, aucune entrave dans la marche de l'instruction et de la comptabilité.

Cette mesure, en ce qui concerne les engrais, porte sur 30,000 francs environ.

Engrais enfouis en cours d'exercice,

23,407 fr. 72 c.

Les développements dans lesquels nous venons d'entrer, à l'occasion de l'article précédent, vous ont fait pressentir ce que nous avions à dire au sujet de ces derniers engrais. Sauf appoint, ils représentent et remplacent dans le sol, en considérant la ferme dans son ensemble, les engrais absorbés par la récolte sur pied au commencement de l'exercice, et seront eux-mêmes absorbés par la récolte suivante dont ils sont une charge, et qui en couvrira l'exploitant. Ils sont donc exclusivement la propriété du fermier, qui doit, à ce titre, les faire figurer à l'actif sur tous ses inventaires, et, par conséquent, il n'y a rien à changer à ce qui se pratique maintenant à leur égard.

Labours, ensemencement, culture, etc.,

21,385 fr. 96 c.

Ces frais sont des charges de la récolte prochaine qui en couvrira l'exploitant; ils doivent donc figurer à son actif, comme on le ferait pour un prêt ou une avance faite à un correspondant, tant que le débiteur n'est pas libéré.

Frais de fermage et autres frais généraux, déboursés en cours d'exercice,

23,652 fr.

En principe général, on admet et l'on doit admettre que chaque récolte doit supporter les frais qu'elle a occasionnés, mais qu'elle ne doit pas en supporter davantage, sans quoi il serait impossible de juger si une récolte a été avantageuse ou désavantageuse.

A ce titre, un fermier qui fait un premier inventaire, avant d'avoir engrangé sa première récolte, doit naturellement reporter sur son deuxième exercice, qui profitera de cette première récolte, tous les frais de fermage et autres frais qu'il aura déboursés dans le cours du premier exercice. Ces frais devront dès lors figurer à l'actif de son premier inventaire comme valeur recouvrable, et dont il sera, en effet, couvert par le produit de la récolte sur pied à l'époque de ce premier inventaire; mais, par suite du même principe, il considérera comme avance faite à la deuxième récolte, et, par conséquent, à son troisième exercice, les fermages et frais généraux déboursés dans le cours du deuxième exercice, et ainsi de suite d'année en année jusqu'à la fin de son bail.

Mais, si un autre fermier comprend la première récolte dans son premier exercice, et ne fait son premier inventaire qu'après avoir engrangé cette première récolte, il aura bien soin de faire peser sur cette même récolte, et, par conséquent, sur son premier exercice, les fermages et frais généraux déboursés dans le cours de sa première année.

A Grignon, on s'est considéré comme étant dans la situation du premier fermier. En suivant ce système jusqu'au bout, il en résulterait que l'exercice pendant lequel on fera la dernière récolte aurait à supporter les frais généraux de l'exercice précédent, indépendamment de ceux qui lui seront propres et qui seront nécessairement onéreux, puisqu'ils comprendront tous les frais et toutes les non-valeurs d'une liquidation, et toutes les chances de la réalisation ou de la remise d'un matériel et d'un mobilier aussi considérables que ceux de l'exploitation et de l'école de Grignon.

Le conseil a pensé, au contraire, qu'il aurait mieux valu se placer dans la situation du deuxième fermier, et faire supporter, au premier exercice, les frais généraux déboursés pendant son cours, d'autant que ce premier exercice avait été, sans aucune comparaison, le plus fructueux de tous, puisque, pour causes diverses, il avait apporté à la Société un bénéfice net de 54,933 f. 13 c. Dans cet état, le conseil, ne voulant pas brusquer les choses, a cru devoir considérer comme frais de premier établissement les fermages et frais généraux de la première année, et les a réunis aux engrais enfouis antérieurement à l'exercice pour les amortir conjointement, et il a arrêté, en conséquence, toutes les mesures d'exécution.

Le tout formera , sauf appoint , une somme de 50,000 fr.

AVANCES DIVERSES SUR EXPLOITATIONS ACCESSOIRES.

Pépinière,

5,589 fr. 14 c.

Les avances faites à la pépinière sont représentées par les arbres , plantations et semis qui en couvrent le sol. Aux approches du terme du bail, la Société aura le droit de tirer parti de tous ces produits pour rentrer dans ses avances, et dès lors leur valeur représentative en argent doit continuer de figurer à l'actif jusqu'à leur réalisation. Peut-être, d'ailleurs, ainsi que nous l'avons dit ci-dessus, réduira-t-on avant cette dernière époque l'importance de la pépinière.

Jardin potager,

1,000 fr.

Cette avance de 1,000 fr. ne peut être que la

représentation d'arbres fruitiers ou d'engrais versés pour l'amélioration du sol ; mais, comme la Société, lorsqu'elle rendra à la liste civile le jardin potager qu'elle en a reçu, n'aura certainement pas l'intention de se faire allouer, par imputation sur les 300,000 fr. , une plus-value quelconque pour raison du meilleur état dans lequel il serait lors de la remise, par comparaison avec la reprise, le conseil a arrêté que cette valeur de 1,000 fr., figurant à l'actif, en disparaîtrait en cinq ans, en créditant, chaque année, le jardin potager de 200 fr. par le débit d'exercices antérieurs, et que, cette écriture passée, dans le cours des cinq ans, comme après, le solde du jardin en perte ou en bénéfice sera porté au débit ou au crédit de profits et pertes. Les 1,000 fr. doivent donc être maintenus à l'actif au 30 avril 1843, sauf à en disparaître successivement comme il vient d'être indiqué.

Pièces d'eau,

1,500 fr.

Cette avance, qui a été motivée par l'empoissonnement des pièces d'eau et par des dépenses diverses occasionnées par l'entretien et l'administration des étangs, est représentée par le poisson qu'ils nourrissent. Mais le conseil, qui se rappelle que la Société a reçu ces pièces d'eau tout empoissonnées, et qu'elle doit les rendre dans le même état, a reconnu que ce ne pouvait être que par erreur qu'on avait rangé, parmi les avances faites à l'exploitation, la dépense de réempoissonnement, lors de la dernière pêche générale, puisque cette première mise appartenait nécessairement en nue propriété à la liste civile.

Pour rentrer dans l'ordre, le conseil a arrêté que, lors de la première pêche générale, on créditerait les pièces d'eau par le débit d'exercices antérieurs, de la valeur de tous les poissons et alevins nécessaires, après quoi le compte des pièces d'eau serait traité comme un simple compte courant ordinaire qui serait débiteur ou créditeur suivant l'événement, et qui se solderait par profits et pertes à chaque pêche générale; mais, jusqu'à cette première pêche générale, les 1,500 fr. doivent continuer de figurer comme avance à l'exploitation et, par conséquent, prendre place à l'actif.

Avances à l'école,

72,505 fr. 85 c.

Les avances à l'école sont de trois espèces : les

unes consistent seulement dans des avances faites
en compte courant pour suppléer, à la date du
30 avril 1843, aux retards, soit dans les payements de la pension tant des boursiers que des
pensionnaires, soit dans l'expédition des ordonnances du ministre, applicables aux frais d'instruction. Elles s'élèvent, savoir :

Pour les boursiers, à.. . . . . . 4,320 93 }
Pour les pensionnaires, à. . . . . 13,034 23 } 17,355 16
Pour retard sur les ordonnances. 11,800 »

Total. 29,155 16

D'autres ont été faites pour
achat de mobilier, et sont garanties par ce même mobilier
qui, chaque année, lors des
inventaires, doit être réduit à
sa valeur réalisable, et qui a été,
au 30 avril dernier, soumis aux
mêmes vérifications et investigations que le mobilier de la ferme.

Elles s'élèvent, savoir :

Pour le mobilier général de
l'école, à. . . . . 25,653 88 }
Pour le mobilier spécial d'in- } 32,078 73
struction, à. . . . . 6,424 85 }

Sur ce dernier article de
6,424 fr. 85 c., nous avons à

A reporter. . . 61,233 89

Report. . 61,233 89

faire une observation essentielle :
le mobilier spécial d'instruction
a été acheté, non des deniers de
la Société, mais des fonds alloués
par le gouvernement pour faciliter et développer l'instruction
de l'école de Grignon. Dès lors,
leur valeur ne doit pas représenter une avance réellement
faite par la Société à l'école, et,
par conséquent, ne semblerait
pas devoir prendre place dans
le chapitre de l'actif dont nous
nous occupons.

La remarque est de toute justesse en principe général ; aussi
n'est-ce que pour faire compensation avec une écriture an-
ciennement passée, qu'il a fallu
opérer comme on le voit ci-
dessus, et voici comment on y a
été amené.

Indépendamment des avances
faites à l'école sur le fonds d'exploitation, pour l'acquisition du

A reporter. . 61,233 89

Report. . 64,233 89

mobilier général qui, dès lors, devenait le gage de cette espèce de prêt, il a fallu faire d'autres avances à découvert pour subvenir, dans l'origine, aux autres besoins de l'école, qui ne pouvait couvrir ses dépenses.

Cette masse considérable d'avances à découvert était due à la Société et figurait au tableau de son actif comme valeur réalisable. Mais, comme, plus tard, on a porté au crédit du compte de ces avances le prix de tout le mobilier acheté pour l'instruction, sur les fonds ministériels, il en est résulté que ce mobilier a été, par le fait, payé par l'exploitation et est devenu sa propriété au même titre que le surplus du mobilier de l'école : c'est donc à juste titre qu'il est maintenant rangé à l'actif sur la même ligne que cette dernière partie du mobilier.

A reporter. . 61,233 89

Report. . 61,233 89

Enfin la troisième espèce d'avances consiste dans l'arriéré de la dette de l'école envers l'exploitation, à laquelle nous venons de faire allusion en en signalant l'origine ; nous les avons appelées avances *à découvert* parce qu'elles ne sont pas garanties, comme celles faites pour achat du mobilier général de l'école, par un gage spécial, matériel et actuel. Cependant, comme l'école doit les acquitter, et même prochainement, d'après les dispositions arrêtées par le conseil, c'est bien une valeur considérée à bon droit comme recouvrable et devant, à ce titre, figurer à l'actif.

Les avances *à découvert* s'élèvent, savoir :

Sur les dépenses générales de l'école, à.............. 10,235 03		
Sur les frais d'instruction, à.. 1,037 91	11,272	94

Total général, comme on le voit au bilan. 72,506 83

Les avances à découvert, à la fin du quinzième exercice, étaient de . . . . . 12,051 fr. 80 c.

Celles portées ci-dessus étant de 11,272 94

La dette de l'école n'a été réduite, dans le cours du seizième exercice, que de . . . 778 86

Ce sont les rectifications faites dans les écritures au sujet du mobilier, qui ont concouru à réduire ainsi l'atténuation de la dette. D'ailleurs nous sommes déjà assurés d'une nouvelle réduction de 1,500 fr. par le redressement d'une erreur récemment reconnue et qui ne sera détruite par écriture que dans le compte du dix-septième exercice. Portant ici ces 1,500 fr., ci . . . . . 1,500 »

Nous aurons un total de . . 2,278 fr. 86 c.

dont nous pouvons considérer la dette comme réduite, par comparaison avec ce qu'elle était à la fin du quinzième exercice, et indépendamment de la nouvelle réduction, certainement plus considérable, que procurera le dix-septième exercice qui vient d'expirer.

Dividendes autorisés et non perçus,

19,591 fr. 71 c.

Pour avoir une situation exacte, ce n'est pas assez d'être fixé sur l'importance de son actif, il faut encore connaître son passif, et ne pas être censé avoir des obligations plus considérables que celles qu'on a à remplir. Cette observation est applicable à l'un des articles du passif de Grignon, montant à 19,595 fr. 71 c., pour autant dû sur dividendes autorisés et non perçus. Il est bien vrai qu'il faut déduire de cette somme les 12,208 fr. formant le dividende autorisé l'année dernière et sur lequel rien ne pouvait être perçu au 30 avril 1843; mais, cette soustraction faite, il reste un arriéré à peu près constant de 7,287 fr. 71 c., qui est fort difficile à expliquer et qui n'est peut-être pas exigible en totalité. C'est ce sur quoi il importe d'être fixé, et, pour y parvenir, le conseil a demandé que la direction produisît, à l'appui du compte du dix-septième exercice, un état indicatif, *actionnaire par actionnaire*, de tout ce qui restera dû au 30 avril 1844 sur dividendes autorisés, et des années sur lesquelles porte cet arriéré pour chacun d'eux.

Le pis aller serait que les choses restassent

telles qu'elles se présentent aujourd'hui, mais au moins le conseil saura précisément ce qui est dû, à qui il est dû, pourquoi on ne se présente pas, et ce sera toujours un avantage. Il n'est pas impossible que, par suite de ce travail, ce chapitre du passif ne se trouve réduit dans une proportion quelconque.

Budget.

Vous pouvez juger, messieurs, par toutes les dispositions dont nous venons de vous rendre compte, quel intérêt le conseil attache à perfectionner les règles de l'administration et de la comptabilité de Grignon et à en faire disparaître les incorrections qui avaient pu s'y glisser pendant seize années d'essais et de difficultés.

C'est en visant au même but qu'il a prescrit diverses mesures d'ordre intérieur dont l'exécution doit rendre plus facile la vérification des livres et des comptes, mais dont il n'a pas cru devoir surcharger ce rapport déjà fort long; il en est une cependant qu'il ne veut pas omettre, c'est celle par laquelle il a adopté une nouvelle forme de budget plus complète, plus méthodique que celle usitée jusqu'à présent, et tellement distribuée qu'il ne reste aucun vague, aucune incertitude dans les recettes comme dans les dépenses, aucune possibilité de confusion entre l'école et l'exploitation agricole, et, en ce qui concerne l'école, entre les fonds de diverses origines, tant ceux affectés aux besoins généraux de celle-ci que ceux destinés aux frais d'instruction.

Le conseil a arrêté en même temps toutes les mesures d'ordre et d'exécution propres à faire atteindre le but indiqué, et, entre autres, il a prescrit de rendre les comptes annuels dans la même forme que les budgets, et d'indiquer, dans les rapports qui les accompagneront, les causes des différences en plus ou en moins, soit avec les articles correspondants du budget, soit avec ceux des comptes de l'exercice précédent.

Gardons-nous, messieurs, de croire que ces dispositions d'ordre soient indifférentes ; elles sont, au contraire, indispensables ; si nous les perdons de vue, nous tomberons bientôt dans le désordre, dans la confusion, c'est-à-dire dans la mauvaise administration, et toute économie sera impraticable.

Ordre et économie, telle doit être la devise de Grignon et de toute administration qui veut prospérer.

École.

Nous avons eu occasion, en faisant la revue du

bilan et en traitant l'article des avances faites à l'école sur le capital d'exploitation, d'exposer quelle était la situation financière de cette branche de l'institution, et nous aurons encore à en dire quelques mots ci-après, sous le rapport administratif. Il ne nous reste donc qu'à parler sommairement de sa situation morale.

Les troubles que le conseil a dû porter à votre connaissance, par son rapport de l'année dernière, ne laissent plus de traces. Déjà, au 5 juin dernier, nous avons eu la satisfaction de vous annoncer que plus des cinq sixièmes des élèves récalcitrants étaient rentrés dans le devoir et que les études avaient repris leur cours depuis le 1er mai. Cet heureux mouvement dans la bonne voie a continué ; tous, à fort peu d'exceptions près, ont sollicité, en reconnaissant leurs torts, la faveur de reprendre leurs travaux. Depuis cette époque, tout, à l'intérieur, marche suivant un ordre régulier, et on en peut juger par les brillants succès des élèves dans leurs examens ; à l'extérieur, la considération dont jouit l'école s'accroît de jour en jour. Les élèves munis du diplôme de Grignon sont de plus en plus recherchés et appréciés ; enfin on trouve la preuve la plus éclatante de la haute estime accordée à l'école de Grignon, dans l'empressement avec lequel des fils de propriétaires et de bons fermiers, en nombre très-notable, se présentent pour y recevoir l'instruction agricole.

En un mot, la perspective est des plus favorables, et le zéle et les efforts combinés du directeur, du principal de l'école et des professeurs réaliseront sans doute toutes les espérances que l'état actuel des choses permet de concevoir.

CRITIQUE

DE L'ADMINISTRATION DE GRIGNON,

PAR M. CAFFIN D'ORSIGNY.

Nous avons, messieurs, à vous rappeler l'éclat imprévu qui s'est manifesté, l'année dernière, à pareille époque, lorsque, le matin même du jour de l'assemblée, l'un des membres du conseil fit paraître et distribuer à quelques actionnaires un mémoire, ou plus exactement un acte d'accusation dirigé contre la gestion du directeur de Grignon.

Sous aucun rapport, l'assemblée générale n'était en mesure de délibérer sur le fond. D'abord, c'était une apparition trop subite pour que qui que ce fût eût pu former son opinion; personne n'avait même eu le temps de lire ce travail d'un bout à l'autre; de plus, la discussion et le jugement *ex abrupto* de semblables questions ne pouvaient appartenir à l'assemblée générale, qui, aux termes de l'art. 24 des statuts, ne délibère que sur la provocation et les propositions du conseil d'administration.

L'assemblée renvoya, en conséquence, le mémoire au conseil, pour qu'il y donnât telle suite qu'il jugerait convenable.

L'attaque a été portée avec une vivacité, avec une acrimonie véritablement inexplicables ; l'auteur du travail a eu d'autant plus tort à cet égard, qu'indépendamment de ce que la forme avait d'insolite, c'était en quelque sorte marcher en sens inverse du but qu'il se proposait, puisqu'une pareille violence ne pouvait que faire perdre du poids et de l'autorité que pouvaient avoir des observations venant d'un agriculteur dont personne ne contestait la longue expérience et les connaissances agronomiques.

Avant d'entrer en matière, le rapporteur doit s'empresser de remplir une mission dont il a été expressément chargé par le conseil : c'est de déclarer que, de toutes ses investigations, il n'est rien résulté qui pût porter la moindre atteinte à la considération dont jouissait le directeur dans son esprit, ni atténuer, sous aucun rapport, les titres qu'il avait à sa confiance et à la vôtre, se plaisant d'ailleurs à croire que, quelque regret qu'aient pu lui inspirer les termes dans lesquels l'attaque a été formulée, elle n'a été dictée, au fond, que par de bonnes intentions et en vue d'être utile à la Société.

La question individuelle ainsi mise en dehors, le conseil et son rapporteur feront abstraction complète de tout ce qui touche à la passion, à la personnalité, et ne porteront leur attention que sur les faits, d'une part, et sur les doctrines, de l'autre.

C'est en effet ainsi que peuvent être classées les allégations de M. Caffin : les unes portent sur des faits mal vérifiés et manquant d'exactitude, autrement dit, sur de fausses hypothèses ; les autres, sur des faits matériellement exacts, mais sur l'appréciation et sur les conséquences d'une partie desquels il y a divergence ; d'autres enfin, sur les théories ou procédés adoptés à Grignon, et auxquels le contradicteur voudrait en voir substituer d'autres.

Nous allons d'abord faire avec vous une revue rapide des faits cités, en commençant par ceux qui sont exprimés par des chiffres, et présentés comme affectant directement la situation financière de la Société.

Pour faire ressortir, par la comparaison du capital primitif avec celui figurant à l'inventaire, les pertes que Grignon est censé avoir faites au 30 avril 1841 , M. Caffin ajoute au ca-

pital des actionnaires porté assez exactement,
à. 304,000   »
une série d'autres sommes ne
montant pas à moins de. . . 206,851   89

ce qui composerait un capi-
tal total de. 510,851   89

Et comme à cette même époque, d'après le compte rendu,
l'actif de Grignon ne présentait,
déduction faite du passif, que. 366,725   12

se composant

1° Des 304,000 fr. des actionnaires ;

2° Des 62,725 fr. 12 c. de
bénéfice en réserve, il en résultait que Grignon aurait per-
du, au 30 avril 1842. . . . 144,126   77

indépendamment de toutes les
déductions à faire sur les
évaluations des inventaires présentant l'actif de la Société, déductions qui ne s'élèveraient pas
à moins de. 130,979   97

puisque M. Caffin porte les
pertes totales à. 275,106   74

Voici d'abord comment se compose le bordereau de 206,851 fr. 89 c.

1° Arriéré au 30 avril 1841, sur les dividendes
de 4 p. 100 considérés comme représentant les
intérêts du capital des actionnaires, et que
M. Caffin qualifie d'intérêts
capitalisés, ci. 92,081 22

2° Pour recette en argent,
tant du fermier de M. le maréchal duc d'Istrie, que de produits de pêche et de chasse en
1827, ci. 19,236 16

3° Dons divers faits à la Société. . . . . 2,490 »

4° Bénéfices nets sur des coupes de futaies et coupes arriérées concédées par la liste civile. 63,280 21

5° Excédant du droit d'entrée à l'école, sur l'amortissement du mobilier de l'école. . 8,230 06

6° Mobilier acquis sur les
fonds ministériels destinés aux
frais d'instruction. 6,818 23

7° Fumiers et engrais repris
de la liste civile... . . . . 3,928 86
                                  ─────────────
                    A reporter. . 196,064 74

Report. . 196,064 74

8° Prix de vente de douze orangers appartenant à la liste civile. . . . . 480 »

9° Mobilier appartenant à la couronne et non compris aux inventaires. 10,307 15

Total égal. . . 206,851 89

Article premier

porté à 92,081 fr. 22 c.

Il est bien vrai que si, jusqu'au 30 avril 1841, on eût payé aux actionnaires les intérêts de leur capital sur le pied de 4 p. 100, ils auraient reçu. . . . . 156,608 »

Mais, comme il y a eu, jusqu'à la même époque, des dividendes autorisés, pour.. . . . 85,301 27 l'arriéré n'était, comme il n'est encore aujourd'hui, que

de.. . . . . 71,306 73 et non de 92,081 fr. 22 c.

D'ailleurs, que résulte-t-il du fait cité? que les dividendes distribués sont de 71,306 fr. 73 c.

au-dessous de l'équivalent de l'intérêt à 4 p. 100 calculé, soit jusqu'au 30 avril 1841, soit jusqu'au 30 avril 1842, soit jusqu'au 30 avril 1843, si l'assemblée autorise un dividende de 4 p. 100 sur le seizième exercice ; mais il n'y a là aucune entrée en caisse ni réelle, ni fictive ; il n'y a aucun intérêt capitalisé ; il n'y a qu'un fait matériel que personne n'a la prétention de nier.

C'est qu'il existe à l'actif une somme de 71,304 fr. 73 c., qui ne s'y trouverait plus si l'on avait complété les dividendes de 4 p. 100, et que si on distribuait ce complément, comme on pourra sans doute le faire plus tard, le bénéfice en réserve diminuerait d'autant. Mais ce fait ne constitue la Société ni en perte ni en bénéfice, ne crée aucun capital, ne cause aucun déficit, ne peut, en un mot, motiver aucune écriture.

Article deuxième

montant à 19,236 fr. 16 c.

Il se compose de recettes qui ont été considérées comme appartenant à la Société en raison de la date à laquelle elle entrait en jouissance (27 mai 1827) ; elles sont, à juste titre, entrées en caisse par profits et pertes ; elles ont d'ailleurs produit, sur l'ensemble et le résultat des

comptes, le même effet que si elles étaient entrées par capital, puisqu'à la fin de chaque exercice, le solde du compte de profits et pertes va se
confondre dans le compte de capital, et nous ne
concevons pas comment M. Caffin peut trouver
là un élément de perte; tout s'est passé régulié-
rement, et il ne reste absolument rien à faire.

Article troisième

s'élevant à 2,490 fr.

Les objets reçus de la munificence de la liste
civile et de M. Caffin lui-même, ayant été in-
ventoriés avec estimation, ont concouru à accroître l'actif, et par conséquent le capital de la
Société, aussi bien que si on eût passé primitivement l'écriture par capital. Le tout est donc en
règle comme dessus.

Article quatrième,

Bénéfice de 63,281 fr. 21 c. sur les coupes de bois.

Loin de nous l'idée d'atténuer en aucune façon
le mérite des actes de munificence de la liste civile, mais il n'est pas moins vrai que ce serait
une erreur de considérer la totalité des futaies,

dont elle a autorisé l'exploitation, comme le don
gratuit d'une chose à laquelle la Société n'avait
aucun droit. Le bail ne dit nullement que les futaies sont réservées à la couronne, mais seulement que *la Société ne pourra abattre aucun
arbre de haute futaie sans le consentement par
écrit du domaine privé*, ce qui est essentiellement différent : cette clause indique évidemment
que la Société doit jouir des futaies, comme du
surplus des bois, des prairies, des terres labourables, etc., sauf la réserve sur les formalités à
remplir avant l'abattage, réserve qui, d'ailleurs,
était de droit, quand même elle n'aurait pas été
exprimée. Sans doute la concession était un acte
de pure générosité pour deux coupes arriérées
qui ont été abandonnées à la Société, et peut-être
même pour une portion des futaies ; encore y
avait-il, de la part de la Société, une espèce de
compensation, dans l'obligation morale de faire
toutes les dépenses nécessaires pour la restaura-
tion des bois qu'elle reprenait dans un état déplorable. Pour le surplus, c'était sans doute une
anticipation dont la Société avait beaucoup à se
féliciter dans les circonstances où elle se trouvait ;
mais ce n'était qu'une anticipation sur des revenus qu'elle aurait perçus successivement au fur
et à mesure que les futaies auraient été marquées
pour l'abattage dans l'ordre naturel des choses.

Les formalités stipulées ayant été remplies, tout est en règle; c'est donc à juste titre qu'on a fait entrer le produit de ces coupes extraordinaires, par profits et pertes.

Au surplus, nous le répétons, que le produit de ces coupes soit entré par profits et pertes ou par capital, la chose revient absolument au même en ce qui concerne la composition de l'actif ou du capital général de la Société : nous en avons donné ci-dessus l'explication.

Article cinquième

Excédant du droit d'entrée sur l'amortissement du mo-
bilier (M. Caffin a probablement voulu dire sur l'en-
tretien du mobilier),

8,230 fr. 06 c.

Cet excédant a été à sa destination en venant réduire d'autant les avances faites à l'école par l'exploitation. Tout à ce sujet a été fait régulièrement, du moins quant aux résultats définitifs des comptes de l'école et de l'exploitation. L'actif de la Société ne pouvait en être accru ni réduit d'un centime, puisque la dette de l'école figure comme valeur recouvrable à l'actif, et que, tant que cette dette ne sera pas éteinte, le compte de l'école se balancera toujours exactement, et n'exercera, par conséquent, aucune influence sur la situation générale de la Société.

Article sixième.

Achat d'objets mobiliers sur les fonds ministériels destinés aux frais d'instruction,

6,818 fr. 23 c.

Ainsi qu'on peut le voir au tableau du bilan, cette espèce de mobilier ne figure que pour 6,424 fr. 85 c. formant sa valeur d'inventaire, et nous avons exposé ci-dessus comment c'est à juste titre qu'il y a pris place. Ces fonds consacrés à acheter des objets mobiliers faisant partie des collections formées dans l'intérêt de l'instruction ont donc reçu leur véritable destination, et ce ne peut être que par erreur et à défaut de vérification suffisante, que M. Caffin a compris cette somme dans son bordereau.

Dans aucun cas, et pour mêmes motifs que dessus, l'emploi de cette somme ne pouvait influer en rien sur la situation générale de la Société.

Article septième.

Fumiers et engrais repris de la liste civile,

3,928 fr. 86 c.

M. Caffin n'avait pas remarqué que, depuis

l'origine et dans tous les inventaires, la liste civile est créditée de cette somme, et que, par conséquent, jamais le capital de la Société n'a pu s'en accroître.

Article huitième.

Mobilier de la couronne,

10,307 fr. 15 c.

Il est vrai que jusqu'à présent on a omis de faire figurer ce mobilier aux inventaires, mais aussi la liste civile n'en a pas été créditée, et alors la balance en faveur de l'actif en fin d'exercice a été rigoureusement la même que si l'écriture eût été passée. Il n'en est donc résulté aucun trouble dans l'expression de la fortune de la Société.

Article neuvième.

Produit de vente de douze orangers appartenant à la liste civile,

480 fr.

Il y a eu, de la part de la direction, omission réelle. Ces orangers appartenant à la liste civile, les 480 fr. provenant de la vente auraient dû entrer en caisse par le crédit de cette dernière, et non par le crédit de profits et pertes. L'erreur avait été reconnue, des ordres avaient été donnés; ils n'ont pas encore été exécutés, mais ils vont l'être avant la clôture du compte du dix-septième exercice.

C'est le seul article compris dans le bordereau de 206,851 fr. 89 c. qui doive atténuer l'actif de la Société, mais aussi c'est, sans aucune comparaison, le moins important.

Réductions sur les inventaires,

130,979 fr. 97 c.

Quant aux 130,979 fr. 97 c. à déduire, suivant M. Caffin, de l'actif de la Société, pour raison d'admissions non motivées à l'actif et d'évaluations forcées, il faudrait les prélever sur les améliorations foncières, sur les engrais enfouis et autres avances à la culture, sur le prix des diverses espèces de mobilier, sur les animaux, enfin sur la balance au débit du compte général de débiteurs et créditeurs divers; mais, d'après la revue que nous avons faite plus haut de tous les articles de l'actif et le calcul des réductions éventuelles dont il pourrait être passible, il est facile

de juger que ce n'est qu'en s'abandonnant à une
excessive exagération, que M. Caffin a pu parvenir à un chiffre si prodigieusement élevé, et que,
d'après les mesures arrêtées par le conseil, il ne
reste absolument rien à faire, aucune écriture à
passer pour être dans un ordre de choses régulier.

Suivent diverses allégations fondées sur des
faits généraux et non précisés par des chiffres.

Mauvaise tenue des livres de Grignon, né-
cessité de les faire tenir à Paris.

Le conseil croit devoir persister dans le mode
de comptabilité établi à Grignon. Ce système lui
paraît indispensable en raison de la nature et du
but de l'institution, sauf les perfectionnements
et simplifications de forme que peut conseiller
l'expérience.

Quant au transport à Paris de la tenue des livres, le conseil n'ayant aucun bureau organisé,
la chose est impraticable, et d'autant plus, qu'il
faudrait encore un personnel à Grignon pour
fournir au bureau de Paris tous les éléments et
toutes les explications dont il aurait besoin.

Augmentation du compte d'engrais

de 40,000 fr. en cinq ans.

Le fait que signale M. Caffin est le résultat du système d'absorption successive adopté par M. Bella, qui a capitalisé les engrais enfouis et non absorbés. D'après les mesures prises par le conseil, et dont il vient d'être rendu compte à l'occasion des avances à la culture, toutes les exigences sont satisfaites : celles du directeur, dans l'intérêt de l'instruction de l'école et de son système de comptabilité ; celles de M. Caffin et de ceux qui pensent avec lui que, dans la position spéciale où se trouve Grignon, les engrais enfouis pour assurer l'amélioration du sol, quoique devant être constamment renouvelés pour maintenir cette amélioration, ne peuvent être considérés comme formant un capital réalisable en fin de jouissance.

Doublement du prix des engrais d'écurie pour créer un capital fictif.

C'est une erreur de M. Caffin. Le doublement du prix des engrais d'écurie ne changeait en rien la situation financière, autrement dire, la différence entre l'actif et le passif de la Société ; car, si, d'une part, on augmentait le débit des comptes d'engrais enfouis ou non enfouis, de l'autre part on augmentait précisément de la même somme le crédit des comptes des animaux producteurs d'engrais, et, par conséquent, la balance générale restait rigoureusement la même. Le seul avantage qu'ait pu rechercher M. Bella par cette opération a été de se rapprocher du véritable prix coûtant des engrais. Puisqu'il ne s'agissait que d'un virement intérieur, il est évident que le bilan de la Société ne pouvait y rien gagner.

C'est ici le moment de placer une observation qui ne manque pas d'intérêt :

Que se propose-t-on plus spécialement en formant et en élevant des troupeaux de basse-cour tels que vaches, porcs et moutons ? de produire des engrais, car sans engrais, point de récoltes, ou du moins point de récoltes suffisantes pour couvrir les frais de culture : aussi d'excellents agriculteurs ne considèrent-ils particulièrement et pour ainsi dire exclusivement leurs troupeaux que comme producteurs d'engrais. Les partisans de cette opinion pourraient donc, très-logiquement, suivre la marche suivante pour leur comptabilité combinée des troupeaux et des engrais, c'est-à-dire, débiter annuellement les troupeaux de tout ce qu'ils coûtent pour leur entretien, leur renouvellement, leur nourriture et les soins qu'ils comportent, les créditer ensuite des produits de toute nature qu'on en obtient, sauf les engrais, et considérer tout ce qu'ils restent devoir après ces déductions, comme représentant le prix des engrais qu'ils auraient fournis. De cette manière, tous leurs comptes de troupeaux se balanceraient exactement ; les engrais deviendraient plus ou moins chers suivant que les autres produits auraient approché plus ou moins de couvrir la dépense, et ce serait un moyen de reconnaître le plus ou moins d'avantage que procure chaque espèce de troupeaux.

Ce système, quoiqu'il puisse fort bien être défendu, n'est pas celui de l'institution, où, par d'autres motifs d'ordre, on a mieux aimé donner un prix uniforme aux engrais d'écurie, de quelques troupeaux qu'ils provinssent ; mais il n'en explique pas moins parfaitement 1° comment, à Grignon, on a pu doubler la valeur en argent donnée primitivement à ces engrais pour se rapprocher du prix auquel ils reviendraient par voie d'achat, prix qu'on n'a peut-être pas même encore atteint en y comprenant, comme de raison, le transport ; 2° comment on peut, en quelque sorte, prendre son parti sur la perte apparente que donnent les troupeaux dans le système de Grignon, perte qui ne provient que de ce qu'on n'a pas donné une assez grande valeur aux engrais.

Variation dans l'objet et dans la composition des comptes.

Sans doute il eût été désirable que, dès l'origine, il y eût eu une uniformité parfaite dans l'objet, la forme et la disposition des comptes de détail ouverts au grand livre ; cela eût rendu les vérifications et les comparaisons plus faciles ; mais dans une affaire nouvelle, sans modèle en France et avec des hommes nouveaux, la chose était impossible. L'expérience et la réflexion ont nécessairement dû provoquer des modifications successives ; la preuve en est qu'aujourd'hui même encore, le conseil prescrit quelques nouvelles dispositions qu'il considère comme des améliorations, à plus forte raison dans les premières années. Mais, au fond et quant au résultat définitif, pourvu que rien ne soit oublié, qu'un objet quelconque soit compris au débit ou au crédit d'un compte d'ordre ou d'un autre, la chose est indifférente ; il n'y a que les fausses écritures qui vicient essentiellement une pareille comptabilité : les incertitudes qui ont pu exister dans les commencements sur la manière de classer ou de distribuer certaines dépenses entre les divers

comptes sont maintenant tout à fait sans conséquence, et le mieux est de ne pas s'en occuper.

Écritures fictives pour balancer les comptes.

Ce reproche doit faire allusion aux soldes en déficit ou en excédant des comptes en matières qui doivent motiver des écritures *d'ordre* (et non des écritures *fictives*) pour balancer les comptes. Cela a nécessairement lieu dans tous les établissements où l'on fait rentrer les comptes en matières dans les comptes en deniers , lorsque ces matières ne se reçoivent et ne se livrent pas seulement en nombre et sont, par leur nature, susceptibles de déchets comme des grains, des charbons et autres articles de consommation entrés en gros et sortis en détail, ou qui peuvent même présenter des *bonis*, lorsqu'ils ont été mesurés ou pesés plus largement à l'entrée qu'à la sortie, ou comme d'autres qui gagnent nécessairement en poids, en raison de leur affinité avec l'eau de l'atmosphère, ou en volume comme des bois fendus avant d'être livrés à la consommation. Il faut bien alors passer des écritures d'ordre d'après des évaluations quelquefois un peu arbitraires ; mais ces écritures ne doivent donner matière à reproche contre qui que ce soit.

Il est bien vrai que quelquefois on a remarqué, sur des objets de consommation de détail, tels que du sucre et de l'huile, des différences en plus ou en moins, plus considérables qu'on ne devait s'y attendre, et cela tendrait à faire craindre que l'économe n'ait pas toujours fait ses enregistrements avec l'exactitude convenable; mais, par la raison même qu'il y a eu tantôt excédant, tantôt déficit, on peut croire qu'il y a eu défaut de soins, mais non abus. Au surplus, des recommandations viennent d'être faites pour éviter, du moins autant que possible, de retomber dans les mêmes inconvénients.

Quantités exorbitantes ou plutôt fictives de menues pailles.

Au premier abord ces quantités paraissent en effet très-considérables, et elles seraient inadmissibles s'il ne s'agissait que de *balles de blé*, comme on les obtient par le battage au fléau; mais à Grignon on bat à la machine, qui brise et divise la paille dans une grande proportion et produit, par conséquent, beaucoup de menues pailles confondues avec les balles, en réduisant d'autant les pailles longues; ainsi, rien de plus naturel que ce fait qui, au premier aspect, avait pu causer une certaine surprise. On ne s'expliquerait pas, d'ailleurs, dans quel intérêt tous les individus concourant par leurs actes, à la réception, à la consommation, à la comptabilité des menues pailles, auraient pu se concerter pour créer une pareille fable.

Diminution d'engrais produite dans la deuxième rotation septennale, par comparaison avec la première.

Les assertions et les tableaux les plus contradictoires sont produits par les deux contendants sur ce sujet. Peut-être y a-t-il eu de la part de M. Caffin, à l'égard de la première rotation, confusion d'engrais achetés avec des engrais provenant de l'exploitation, qui seuls sont intéressés dans la question.

D'ailleurs, indépendamment de ce que la question est très-compliquée par la manière dont se présentent les deux adversaires, elle ne peut exciter aujourd'hui qu'un faible intérêt ; c'est du présent qu'il faut avant tout s'occuper, et c'est sur lui que le conseil croit devoir porter toute son attention.

Diminution des pailles et fourrages dans la deuxième rotation.

La réponse précédente est rigoureusement applicable à cette allégation.

D'ailleurs, il résulte de relevés faits, et dont M. Caffin lui-même ne peut méconnaître l'exactitude, que la deuxième rotation a produit *en proportion très-notable, en masse comme à l'hectare, plus de pailles* que la première.

La ferme était-elle ou n'était-elle pas *empaillée* à l'entrée en jouissance?

M. Caffin attache un grand intérêt à cette question, et cependant le conseil, dans la situation, la considère comme parfaitement oiseuse.

Deux faits fondamentaux sont constants; l'un, c'est que l'on n'a reçu de la liste civile dès engrais, pailles et fumiers hors terre, que pour une somme de 3,928 fr. 86 c., qu'on doit lui en rendre en fin de jouissance la même quantité ou l'équivalent en argent, et qu'on lui en a donné crédit; le deuxième, c'est que la Société doit remettre les terres à la liste civile dans le meilleur état de fécondité où cette première les aura fait parvenir pour elle-même.

Dès lors la position des deux parties est parfaitement fixée, et toute discussion sur leur situation respective, en ce qui concerne les engrais ou l'*empaillement*, serait tout à fait sans objet.

Exagération des frais de manipulation des fumiers.

M. Caffin, dans son premier mémoire, n'a d'abord fait allusion qu'aux frais de basse-cour, en supposant qu'ils ne s'appliquaient qu'aux fumiers recueillis dans les enclos et chemins ; mais ils portent aussi sur la manipulation de tous les autres fumiers provenant des étables, écuries et porcheries, ce qui explique la différence dans la manière d'apprécier la dépense.

M. Caffin, d'ailleurs, fait erreur en reprochant une concordance systématique des chiffres au débit et au crédit de ce compte, laquelle n'est pas réelle.

Mais ensuite, il a traité la question d'une manière plus générale par une note spéciale tendant à prouver que les frais de manipulation, de transport et d'enfouissement de tous les engrais versés sur les terres avaient coûté, dans la deuxième rotation septennale, plus de deux fois autant que dans la première.

Mais, déclare le directeur, c'est une nouvelle

erreur de M. Caffin, qui n'a pas remarqué que, dans presque toute la deuxième rotation, on a considéré, comme frais d'enfouissement à la charge des engrais, le premier labour par lequel on enterrait les fumiers, tandis que, dans la première rotation, ce premier labour avait été porté directement aux frais de culture. Peut-être aurait-on mieux fait d'opérer dans la deuxième rotation comme dans la première (les agronomes sont divisés sur cette question); mais le procédé suivi n'a en rien changé la situation, car ce qui a été mis au compte d'engrais aurait été mis au compte de culture, et n'en aurait pas moins grevé les récoltes qui doivent supporter les frais de culture aussi bien que ceux d'engrais.

Il n'y a donc pas eu, dans la circonstance, accroissement de dépenses, mais seulement un virement intérieur d'un compte à l'autre, qui n'a pu exercer aucune influence sur les résultats définitifs des comptes.

La comptabilité de Grignon est obscure et vicieuse.

Une comptabilité agricole, lorsqu'on veut qu'elle constate, comme à Grignon, tous les faits de détail et tous les virements intérieurs, tant des deniers que des matières, présentera sans cesse de l'obscurité pour les personnes qui n'ont pas ce genre d'instruction spéciale, mais les hommes experts s'y retrouveront toujours : toutefois elle peut être établie avec plus ou moins de méthode, de clarté et de simplicité; il faut surtout qu'elle soit complète et qu'elle soit à jour.

Nous ne prétendons pas que, sous tous ces rapports, la comptabilité de Grignon ait toujours été irréprochable; il est constant qu'un grand nombre de comptes, dont quelques-uns d'une importance notable, sont restés en souffrance depuis plusieurs années. Que la faute en soit plus ou moins à l'ancien comptable, aux soins duquel le directeur se confiait avec abandon, la chose est possible, mais le fait n'en serait pas moins fâcheux. Cet état de choses a vivement touché le conseil, et vous jugerez, messieurs, par l'ensemble des dispositions qu'il a prises, combien il attache d'intérêt à ce que tout rentre dans un ordre qui ne laisse rien à désirer.

On a toujours et indûment fait balancer les comptes de l'école.

On a toujours fait balancer le compte général des dépenses de l'école, par le débit ou crédit des avances faites à l'école par le capital d'exploitation; mais en cela il n'y avait rien d'arbitraire, rien qui fût fait indûment; la mesure, au contraire, était la conséquence rigoureuse de ce principe posé par le conseil, que l'école devait être considérée comme un établissement tout à fait distinct de l'exploitation, que celle-ci devait bien venir, en cas de besoin, au secours de la première, mais que la créance qui devait en résulter au profit de l'exploitation devait être considérée comme une valeur réalisable, et figurant à ce titre, sans déduction aucune, à l'actif de la Société, comme toute autre créance sur un débiteur solvable : tout est donc en règle à cet égard, et la critique est mal fondée.

Trop grande indépendance de M. Bella, qui perd souvent de vue la lettre et l'esprit des prescriptions du conseil.

Le conseil persiste à repousser toutes insinuations tendant à faire admettre que M. Bella ne serait pas, sous tous les rapports, digne de sa confiance et de celle de la Société. Ce directeur a rendu de grands services, et il continuera d'en rendre.

Peut-être, trop confiant dans la pureté de ses intentions, a-t-il quelquefois pris sur lui plus qu'il ne l'aurait dû en principe rigoureux; mais aussi la difficulté des circonstances dans lesquelles il s'est trouvé souvent, la dispersion du conseil pendant une grande partie de l'année, expliquent facilement comment, dans certains moments, dans certaines crises, il a pu dépasser la stricte limite de ses attributions, pour prévenir des inconvénients beaucoup plus graves. Cependant, tout en reconnaissant qu'il a besoin d'une latitude de pouvoir suffisante pour n'être pas entravé dans sa marche et pour prendre provisoirement un parti au besoin, le conseil pense qu'il est certaines limites qui ne doivent pas être dépassées, et que la direction ne doit pas perdre de vue qu'en principe général, la haute direction, les décisions principales, et notamment la fixation des dépenses, doivent émaner de l'autorité supérieure.

Mauvaise situation de Grignon sous le rapport financier et sous le rapport agricole.

Une situation peut être considérée comme bonne, soit relativement aux circonstances, soit absolument et indépendamment de toute circonstance accidentelle.

Nous nous demandons donc d'abord si la situation de Grignon est bonne, relativement parlant? Oui, le conseil croit la situation de la Société satisfaisante et très-acceptable, relativement parlant, c'est-à-dire qu'il eût été difficile de la rendre meilleure en supportant toutes les obligations, en subissant toutes les nécessités, toutes les charges que devait nécessairement imposer la création de l'institution agronomique, en vue de la double mission qu'elle avait à remplir sous le rapport pratique et sous le rapport théorique. De grands obstacles étaient à vaincre, ils ont été surmontés; de grands sacrifices étaient à faire, ils ont été consommés, grâce au concours généreux de la liste civile, du gouvernement et des actionnaires, qu'ont si heureusement secondé les efforts du directeur. En un mot, si la Société a utilement semé pendant seize années, il lui en reste vingt-quatre pour récolter, et cela peut être considéré comme une bonne situation relative.

La situation de Grignon est-elle bonne, absolument parlant? c'est-à-dire, serait-il désirable d'y rester? Nous puisons notre réponse dans les observations qui précèdent; non, la situation actuelle n'est pas encore suffisamment bonne, absolument parlant, en ce sens qu'elle a besoin d'être améliorée.

Jusqu'à présent tous les profits réalisés par la Société, malgré les douceurs des conditions du bail et les coupes anticipées des futaies, sont restés, pour les quinze premières années, aux termes des comptes rendus, de 8,550 fr. 80 c. au-dessous de 4 p. 100 du capital social primitif. Sur ce faible bénéfice, 97,509 fr. 27 c., soit 2,3 p. 100, ont été répartis aux actionnaires ; le surplus, montant à 71,306 fr. 73 c., soit 1,5 p. 100, figure à l'actif comme bénéfice en réserve, et correspond presque par appoint aux avances faites à l'école à divers titres, lesquelles, comme on l'a vu au tableau du bilan, montaient, à la date du 30 avril 1843, à 72,506 fr. 83 c.

Au premier aperçu, le seizième exercice, qui, d'après le compte mis sous les yeux du conseil, présente un bénéfice de 31,611 fr. 81 c., paraîtrait devoir améliorer un peu la position ; mais si on déduit les non-valeurs prévues et inévitables sur les créances en c^{te} courant et un dividende de 12,192 fr., si l'assemblée l'autorise, on se retrouvera à la fin du seizième exercice, pour le bénéfice en réserve, sauf un très-faible appoint, dans la même position qu'à la fin du quinzième, indépendamment des charges qui peuvent peser ultérieurement sur la Société pour raison des réductions éventuelles, sur les améliorations non reçues, ou sur les évaluations des inventaires.

Nous le répétons donc, non, la situation de la Société n'est pas encore suffisamment bonne, absolument parlant ; mais par la raison que les sacrifices extraordinaires faits dans les seize premiers exercices ne se renouvelleront pas, et qu'on

doit, au contraire, les considérer comme une semence qui fructifiera; par la raison encore que
l'expérience des faits accomplis doit suggérer de
bons conseils, cette situation doit s'améliorer
suivant une progression rapide.

Les dépenses de toute nature ont été excessives.

Le conseil ne répondra pas par une dure affirmative à cette allégation, mais il dira : Oui, certaines dépenses ont peut-être excédé les limites
dans lesquelles il eût été à désirer qu'elles fussent restreintes.

A cet égard, nous nous sommes livré à la
confection d'un relevé dont les résultats, en ce
qui concerne toutes les céréales cumulées, nous
ont expliqué le reproche dirigé contre la direction de Grignon.

En effet, on y voit que les dépenses de culture
ont été, taux moyen par hectare, dans une forte
proportion, plus considérables dans la deuxième
rotation septennale que dans la première, à partir de 1827-28.

Cette surélévation n'est pas   fr.   c.
moindre, par hectare, de   110   74,
soit pour 650 h. ensemencés
en céréales dans le cours de   fr.   c.
la deuxième rotation.......   71,798 78,
   Le produit supplémen-
taire en argent de la deuxième rotation ayant été aussi,
par hectare, de.......... 185   76, soit p. les 650 h. 120,308 74,
il n'est resté, en produit net

supplémentaire, que....... 75   52,   soit   48,509 96.

Quelle qu'ait été la cause du produit supplémentaire en argent, qui peut être attribué tant à
l'accroissement des produits en nature qu'à l'élé-
vation des prix du commerce, il est constant que
la plus grande partie en a été absorbée par l'augmentation des frais de culture, et c'est ce qui
nous a d'abord frappé de surprise.

Toutefois, avec de l'attention, on explique,
mais en partie seulement, ce surcroît de frais de
culture. En effet, nous avons déjà vu que la
deuxième rotation était grevée de 50 fr. par hectare, pour raison du prix de convention des engrais à partir de 1838 inclusivement, à quoi on
peut encore ajouter de 6 à 7 fr. par hectare, pour
frais de récolte du fort produit par comparaison
avec la première rotation, ce qui ferait environ
56 fr. par hectare ; mais comme l'accroissement
des frais de culture est sur la moyenne des cé-

réales de 110 fr., il resterait encore à expliquer un surcroît de 54 fr.

Faudrait-il donc admettre que M. Bella aurait pu exploiter plus économiquement qu'il ne l'a fait, et qu'il s'est abandonné, outre mesure, à cette idée par lui exprimée plusieurs fois, que, pour rester dans les vues généreuses de la liste civile manifestées par M. le duc de Doudeauville, la population environnante devait se ressentir du voisinage d'un pareil propriétaire, et que, par conséquent, il devait fournir du travail et des salaires à peu près à tous ceux qui en avaient besoin? C'est une tendance dont ne se défend pas le directeur. Mais le conseil pense aussi qu'il ne faut y céder que dans une juste mesure, et que tout ce qui n'est pas plus ou moins directement couvert par un produit équivalent, est un travail mal appliqué; il a donc été fait, dans ces dernières années, des recommandations en ce sens. Déjà nous avons vu qu'il y avait eu amélioration en 1842-43, et avec de la persistance on arrivera au but.

Sur les graines oléagineuses, l'accroissement a été de 10 fr. par hectare, mais en prenant en considération la surcharge de 50 fr. pour raison des engrais, il y aurait, par comparaison avec la première rotation, économie de 40 fr. sur les frais de culture; toutefois, comme, par suite de mauvaises récoltes, le moindre produit en nature a été de près de 5 hectolitres aussi par hectare, l'état des choses, en définitive, constitue un accroissement relatif de dépense fort considérable, mais qui se trouve expliqué par les influences atmosphériques qui ont fait perdre une récolte entière.

Pour les pommes de terre, il y a eu économie de 20 fr. par hectare au profit de la deuxième rotation, et cet avantage doit s'accroître de 50 fr. pour raison des engrais. Dans l'ensemble, les pommes de terre ont donné, dans la deuxième rotation, plus de bénéfices que dans la première, sans toutefois atteindre une haute proportion.

Les betteraves ne peuvent être comprises dans cette revue comparative, attendu que la culture en a été à peu près nulle dans la première rotation.

Pour n'omettre aucun des principaux articles de la culture, nous devons reconnaître que quoique les fourrages, c'est-à-dire les prairies naturelles, gazons en pâture, luzernes, trèfles, sainfoins et produits divers, comprenant les fourrages annuels, considérés dans leur ensemble, aient donné des produits égaux en argent, soit en masse, soit à l'hectare, ils n'en ont pas moins perdu dans la deuxième rotation par comparaison avec la première, par la raison que les frais de culture ont été plus considérables.

Les observations déjà faites à l'occasion des frais de culture des céréales trouveraient ici leur juste application; c'est pourquoi nous nous bornons à nous y référer.

Quant aux animaux, on ne peut non plus se dissimuler que les pertes signalées par les comptes ont été plus considérables sur les vaches et sur les moutons, dans les huit dernières années que dans les huit précédentes, nonobstant le doublement du prix des engrais dont ils ont été crédités pendant six des huit années de la deuxième période, ce qui constitue bien un accroissement relatif de dépenses. C'est un fait grave qui ne s'explique pas suffisamment par les considérations que nous avons présentées ci-dessus page 72 , à l'occasion du doublement du prix des engrais, et qui excite toute la sollicitude du conseil et du directeur; déjà les comptes de ces deux espèces de troupeaux ont été moins défavorables en 1842-43 que dans la deuxième rotation; il faut espérer que les améliorations continueront, grâce aux soins qui y seront donnés.

Entre les diverses dépenses que M. Caffin a signalées comme trop élevées, on remarque celles de l'école, qu'il compare aux établissements de Saint-Cyr et d'Alfort, qui pourvoient, dit-il, d'une manière bien plus économique, aux besoins des élèves.

Nous ne voudrions pas affirmer qu'il n'est pas possible d'obtenir et qu'on n'obtiendra pas quelques économies dans l'administration de l'école de Grignon, et cela se fera sans doute si la chose est possible, sans nuire, d'ailleurs, au bien-être des élèves, attendu que le conseil et le directeur, loin de repousser, seront toujours empressés de rechercher et d'adopter tous les perfectionnements praticables; mais, pour pouvoir apprécier les comparaisons faites par M. Caffin avec Saint-Cyr et Alfort, il faudrait prendre en considération la nature, le but, la situation, l'organisation de ces deux derniers établissements, et cela nous mènerait plus loin que ne le comportent les limites du présent rapport. Qu'il nous suffise donc de vous dire que le conseil ne perdra pas de vue cette branche si intéressante de l'établissement de Grignon, et qu'il tendra toujours vers son amélioration, comme pour tout ce qui se rapporte à l'exploitation agricole.

Toutefois il y a une différence essentielle entre ces deux parties de l'institution; elle consiste en ce que toutes les économies à faire dans l'exploitation doivent tourner au profit de la Société, et qu'il n'en est pas ainsi de l'école qui, sous aucun rapport, ne peut être considérée comme une spéculation, et, par conséquent, comme pouvant procurer aucun bénéfice à la

Société. Que l'on fasse des économies, toutes les économies possibles, dans l'administration de l'école, c'est-à-dire qu'on s'abstienne de toute dépense inutile, qu'on ne paye les choses que ce qu'elles valent, rien de mieux; mais il n'en est pas moins constant que tout ce que l'on pourrait gagner, en modifiant la marche et les procédés actuels, doit d'abord être appliqué à l'extinction de la dette à découvert de l'école envers l'exploitation, et à la réduction du mobilier à sa véritable valeur réalisable, afin qu'il garantisse bien complétement l'autre partie des avances faites à l'école et dont il est le gage. Mais ce double but atteint, comme nous espérons qu'il le sera prochainement, s'il se manifestait annuellement une différence entre les recettes provenant des pensions et rétributions des élèves, et le montant des dépenses auxquelles ces recettes doivent pourvoir, cette différence devrait profiter exclusivement aux élèves, soit directement par la diminution du prix de la pension, soit indirectement par le perfectionnement de l'établissement.

Les terres de Grignon ont perdu de leur fécondité.

Le conseil ne peut admettre cette allégation : il ne se fonde pas seulement sur ce motif, qu'après

deux rotations complètes, et qu'après les avances
considérables faites en engrais provenant tant
d'achats que de l'exploitation , il est dans l'ordre
que les terres soient améliorées; mais il s'atta-
chera aux faits. Nous avons déjà vu que les céréales, prises dans leur ensemble, avaient produit dans le cours de la deuxième rotation
7 hectolitres par hectare de plus que dans la
première, et, qu'en 1842-43, sur l'ensemble des
céréales et des graines oléagineuses, il y avait
encore un fort produit, en moyenne, d'un hectolitre 50 lit. Assurément ce n'est pas là un signe
de décadence sous le rapport de la fécondité du
sol. Les pommes de terre ont donné, à 1/2
p. 100 près, le même nombre d'hectolitres par
hectare, dans la deuxième rotation que dans la
première. On conçoit comment, même avec un
produit égal, on peut, dans le mesurage à l'hectolitre comble d'une pareille denrée, trouver
sur le nombre une telle différence qui doit être
considérée comme nulle.

Les betteraves sont mises hors de cause dans
cette comparaison par le motif déjà exposé,
qu'elles n'ont pas été cultivées d'une manière
suivie dans la première rotation.

Les fourrages enfin, ayant donné précisément,
soit en masse, soit à l'hectare, les mêmes résultats
en argent dans les deux rotations, ont dû, dans

leur ensemble, faire le pair en nature, puisque tout est consommé dans l'intérieur, et qu'avec grande raison la consommation est calculée en argent à des prix uniformes, pour faciliter les comparaisons des années successives.

Il est donc constant qu'il n'y a pas eu décroissement, ni de produits, ni de fécondité; il y a eu, au contraire, accroissement très-notable sur les principales cultures, sur celles dont les produits sont réalisés en argent, et c'est déjà un point fort essentiel.

Les autres cultures n'ont pas déchu, sauf une récolte de graines oléagineuses, complétement perdue par l'inclémence d'une saison contraire et les variations inévitables d'année en année.

L'avenir ne tardera pas sans doute à réaliser les autres espérances.

Mission de la commission d'examen.

Nous voici parvenu, messieurs, à la dernière partie de notre tâche, nous voulons dire à l'examen sommaire des questions théoriques et pratiques soulevées par M. Caffin ou à l'occasion de son mémoire, renvoyées à la commission d'examen, et qui n'ont pas encore trouvé place dans le cours du présent rapport; mais, pour ne rien omettre

de ce qui nous reste à vous dire des investigations
de la commission d'examen, nous devons préalablement ajouter quelques mots sur la valeur
réelle des animaux et du matériel, tant de la
ferme proprement dite que de l'école et des diverses dépendances de l'établissement.

Prix d'inventaire des animaux.

Les prix qui avaient appelé l'attention de
M. Caffin, et qu'il considérait comme trop élevés,
se rapportaient à l'inventaire fait au 30 avril 1842 :
on conçoit qu'il est impossible aujourd'hui de les
juger, attendu que les mêmes animaux n'existent
plus, ou que, s'ils existent encore, ils se trouvent dans des conditions qui ont dû changer
essentiellement leur valeur en plus ou en moins.

La commission n'a donc dû s'attacher qu'aux
animaux existants actuellement, et aux prix que
leur donnait le directeur dans l'inventaire établi
le 30 avril dernier : or elle a reconnu, d'accord
avec deux des cultivateurs les plus distingués
des environs, que les estimations de ce dernier
inventaire n'avaient rien d'exagéré et ne provo-
quaient, dans leur ensemble, aucune critique.
M. Caffin lui-même, qui, en sa qualité de membre

du conseil, assistait à cette vérification, a exprimé la même opinion.

Rien donc ne fait présumer qu'il y ait eu exagération dans les estimations des précédents inventaires, et ne s'oppose à ce que l'on maintienne à l'actif les prix des animaux de toute espèce tels qu'ils sont fixés à l'inventaire au 30 avril 1843.

Matériel et mobilier de la ferme, ustensiles et appareils des spéculations accessoires, mobilier général de l'école et spécial de l'instruction, enfin mobilier de la couronne.

Tout ce qui vient d'être dit des animaux est généralement applicable au matériel et au mobilier de toute espèce appartenant, soit à l'exploitation agricole proprement dite, soit à toutes les autres dépendances de l'établissement.

Il y a toutefois cette différence, que ce sont, en presque totalité, les mêmes objets qu'il y a deux ans, et qu'ils ont subi la loi commune à tout mobilier dont il est fait usage. Ils ont donc supporté une première réduction à l'inventaire de 1843 et une deuxième à l'inventaire de 1844; en sorte que les observations faites par M. Caffin sur l'inventaire de 1842 ne peuvent plus trouver leur application. Il pouvait être très-vrai, suivant la remarque de M. Caffin, que des objets mobiliers, ayant déjà servi depuis plusieurs années, fussent encore estimés en 1842, au prix du neuf, et cela pourrait encore être exact aujourd'hu pour quelques-uns d'eux; mais cela s'expliquerait aussi facilement par la baisse des prix du commerce, baisse qui a été prodigieuse sur certains produits industriels, sur des couvertures de lit et sur des lits en fer, par exemple. Toutefois ce ne serait pas une raison pour attaquer les estimations, soit de 1843, soit de 1844; car, quand pareille chose arrive, eu fait de mobilier industriel, on ne fait pas porter toute la dépréciation sur une seule année, on la partage entre plusieurs exercices par une espèce d'amortissement, jusqu'à ce que l'on arrive au point où l'on doit parvenir d'après les progrès de l'industrie et les découvertes de la science.

La commission n'attache d'ailleurs aucune importance aux estimations des menus ustensiles, dont les prix, même de premier achat, sont trèsmodiques, et sont maintenus tant que les objets sont propres au service. Ces ustensiles disparaissant entièrement lorsqu'on les remplace, leur prix se trouve naturellement compris dans les frais de renouvellement et d'entretien, et, par suite, dans la dépréciation annuelle, prise dans son ensemble. Il est facile de juger que cette marche ne présente aucun inconvénient et fait tomber, comme sans valeur, certaines critiques de détail de M. Caffin.

Il n'y a donc pas de motif pour que le matériel et le mobilier de toute nature ne figurent pas à l'actif de la Société pour toute la valeur qui leur est donnée à l'inventaire au 30 avril 1843, dont nous nous occupons, et par suite, à l'inventaire de 1844, sur lequel la commission a porté ses investigations.

Nous arrivons enfin, messieurs, aux dernières questions auxquelles nous faisions allusion tout à l'heure.

TROUPEAUX.

Choix des races, mode de renouvellement de la vacherie par élevage ou par achat ; enfin, en cas d'achat, choix à faire entre des bêtes faites ou de jeunes bêtes.

La commission a examiné les troupeaux avec le plus grand soin, et elle s'est aidée des lumières et de l'expérience des cultivateurs dont il est fait mention ci-dessus ; ils ont été jugés dans l'état le plus satisfaisant sous le rapport de leur santé et de leur embonpoint, ainsi que sous celui des soins qui leur sont donnés.

Quant aux autres questions posées, elles se rapportent particulièrement à la vacherie ; car il n'y a rien de nouveau à faire pour la porcherie, qui est toujours en voie de succès prononcé, ni pour les moutons, au sujet desquels on s'en tient aux espèces croisées des *dishleys*, des *southdowns* et des *mérinos*, en continuant les essais pour arriver au plus grand perfectionnement possible.

Quant aux vaches, le directeur a signalé, dans un de ses précédents rapports, l'espèce de défaveur dont avait été frappée la race de *Schwitz*, par suite de l'intervention de l'espèce de *Durham* que l'on préconisait avec une prédilection très-prononcée, et dont on favorisait l'emploi et la propagation par tous les encouragements possibles donnés aux comices agricoles et aux sociétés d'agriculture. Il en est résulté que les demandes adressées à Grignon pour en obtenir de jeunes taureaux et des génisses de la race suisse ont diminué notablement, et qu'il a fallu en restreindre l'élevage ; et comme, d'ailleurs, des circonstances extérieures rendaient la spéculation du lait plus lucrative que l'élevage, le directeur, qui précédemment se complaisait exclusivement dans cette belle race suisse, a pris le parti d'en réduire le troupeau et d'introduire, dans ses étables, des vaches normandes et flamandes, qu'il se procure par la voie du commerce, en achetant des bêtes toutes faites, afin d'obtenir immédiatement le lait dont la vente devait lui procurer avantage.

La commission et le conseil ont admis qu'il convenait de laisser M. le directeur dans la position mixte qu'il avait choisie, en lui laissant toute faculté de se porter plus ou moins, soit vers la la race de *Schwitz*, soit vers les races *normande* ou *flamande*, suivant qu'il serait guidé par l'expérience qu'il fait en ce moment.

Toutefois ils ont aussi pensé que la simple spéculation d'un nourrisseur de Paris ou pour Paris ne convenait pas à Grignon, et qu'en principe général il était plus conforme au but de l'institution de renouveler les troupeaux par voie d'élevage dans l'intérieur de la ferme, et, en cas d'achat, de se porter sur de jeunes bêtes qui achèveraient de prendre leur croissance à Grignon, de telle sorte qu'on gagnerait en viande ce qu'on pourrait perdre en lait. Tel est le parti auquel s'est arrêté le conseil.

Les troupeaux reçoivent-ils les quantités d'aliments nécessaires pour entretenir leur bonne santé, pour suffire à la transpiration, à l'absorption des substances qu'ils s'assimilent, à la production des engrais, et enfin, en ce qui concerne les vaches, à la production du lait ?

La commission a pensé que d'après l'aspect que présentaient les troupeaux, et notamment

les vaches, il ne lui était pas permis de répondre
autrement que par l'affirmative. Il est bien vrai
que, théoriquement parlant, il faut bien fournir
aux animaux des aliments en quantité suffisante
pour satisfaire aux diverses nécessités dont l'énu-
mération est ci-dessus; mais ce serait sans doute
une erreur de croire que les diverses fonctions
auxquelles elles correspondent s'exercent séparé-
ment et distinctement l'une de l'autre. Certes, si on
ne donnait à une vache, la mieux constituée, qu'une
quantité d'aliments équivalant à ce qu'elle absor-
berait pour l'assimilation, dans le cas même où elle
serait nourrie à la *soûlée*, il ne faut pas admettre
qu'elle retiendrait le tout pour lui donner cette
première destination, sans en rien appliquer à la
transpiration, à la formation du lait et à la production des engrais. Indubitablement, le tout se
distribuerait pour concourir à cette quadruple
transformation intérieure; mais l'animal, ne recevant pas tout ce qui lui serait nécessaire pour
exercer toutes ses fonctions, souffrirait, n'arri-
vant pas au degré d'embonpoint désirable, et
tout porte à croire qu'il n'acquerra et ne conser-
vera ce degré d'embonpoint que lorsqu'il recevra
régulièrement tout ce qu'il demande pour remplir complétement sa quadruple destination.

C'est dans cette conviction, et après l'inspection des troupeaux, que la commission a jugé

que les troupeaux recevaient des aliments en quantité suffisante.

Maintien ou changement de l'assolement de Grignon.

Enfin convient-il, sauf les modifications de détail que conseilleraient successivement l'expérience, les qualités et le bon état des terres, de s'en tenir à l'assolement adopté par le directeur de Grignon, ou d'en substituer un autre que promettait d'indiquer M. Caffin.

Nous devons d'abord faire remarquer que, dans l'état des choses, l'alternative entre le système de Grignon et celui de M. Caffin n'existe pas, autrement dire ne peut se discuter; car ce dernier, qui s'est bien réellement livré au travail qu'il avait promis, déterminé par des motifs qu'il ne nous est pas donné d'apprécier, s'est abstenu de le produire. La commission était donc dans l'impossibilité de faire aucune comparaison, et tout ce qu'elle a pu faire a été de parcourir le domaine de Grignon pour juger de l'aspect qu'il présentait : or elle ne peut qu'en rendre le témoignage le plus favorable; elle a vu des céréales de mars, des colzas, des luzernes, des trèfles magnifiques.

Après une aussi longue privation de pluie, il

n'est pas besoin de dire pourquoi quelques cultures étaient en état de demi-souffrance. Quant aux froments d'automne , ils sont plus clairs qu'on ne le voudrait, parce qu'ils n'ont pas *tallé*, c'est-à-dire qu'ils n'ont pas pris autant de pied que de coutume, et c'est encore aux effets de la sécheresse sur les terrains calcaires de Grignon qu'il faut s'en prendre; mais les terres, dans leur ensemble, ont été jugées bien propres , bien tenues, bien cultivées, et, jusqu'à preuve du contraire , il faut admettre que leur état ne prête pas à la critique , et, à plus forte raison , à une critique aussi vive que celle à laquelle s'est livré M. Caffin; aussi les meilleurs agriculteurs des environs , au nombre desquels nous aimons à compter M. Pasquier , l'un des plus recommandables et des plus éclairés, ont-ils déclaré que la valeur locative des terres de Grignon , par comparaison avec ce qu'elle était à l'époque de l'entrée en jouissance de la Société , s'était au moins élevée de 50 p. 100.

Nous terminerons cette expression de l'opinion de la commission par une dernière réflexion. Ne sommes-nous pas engagés , jusqu'à un certain point, à l'occasion de l'assolement, dans une querelle de mots ?

Lorsqu'on discute un assolement, la question porte principalement 1° sur la succession des récoltes que doit produire chacune des soles entre lesquelles on a partagé son exploitation (nous mettons en dehors les prairies et même les luzernes qui, à raison de leur persistance, ne doivent pas être comprises dans l'assolement, qui ne porte que sur des plantes annuelles ou du moins annuellement renouvelées); 2° sur la distribution des engrais. Mais, pour arrêter en connaissance de cause cette succession de récoltes et cette distribution des engrais, il faut savoir reconnaître la nature du sol, ses qualités primitives, ses qualités acquises, les espèces d'engrais et d'amendements qui lui conviennent, les influences des récoltes successives les unes sur les autres, les influences du climat, les besoins et les ressources du pays, etc. Il faut, entre autres, prendre en considération la durée de la jouissance, s'il s'agit d'un fermier. Il faut enfin savoir quelles sont les espèces de troupeaux, et, dans chaque espéce, quelles sont les races spéciales qui conviennent le mieux, soit au climat, soit à l'exploitation pour la production des engrais, soit au pays en raison de ses besoins et des débouchés qu'il présente.

Ces notions acquises plus ou moins complétement, on fait choix des principales semences dont on veut faire usage, et l'on adopte une période *triennale, quadriennale* ou *septennale*, suivant le nombre d'années dont elle se compose et pendant laquelle les récoltes se succéderont, jusqu'à ce qu'on recommence la même révolution.

Assurément, sous ce point de vue , la théorie de l'assolement est une science infiniment précieuse dans laquelle tout bon agriculteur doit être versé ; tout chef d'un grand établissement agricole, surtout, doit la posséder, et nous ne saurions trop la préconiser.

Mais aussi, par la raison que la théorie de l'assolement doit recevoir son application et conduire à la pratique , il faut bien se garder de croire que lorsque vous aurez adopté une période quelconque, que lorsque vous aurez fait un premier choix des semences dont vous vous proposez de faire successivement usage sur chacune de vos soles, dans le cours de cette période, vous devez vous y tenir invariablement et vous abstenir de toute variation. En effet, sur certains points, vous aurez agi d'après des présomptions, et l'expérience rectifiera vos idées ; puisque nous vous supposons bon agriculteur, vous améliorerez vos terres qui , dès lors, pourront recevoir des semences qui ne leur convenaient pas d'abord, ou vous donner, à des époques plus rapprochées, des récoltes que, dans l'origine, vous n'auriez pu leur demander que de loin en loin ; des circonstances imprévues peuvent vous ouvrir des débouchés pour des produits que vos terres sont disposées à vous fournir, mais pour lesquels, jusqu'à présent, vous n'auriez pas trouvé de placement. De nouveaux besoins peuvent se manifester dans vos environs, de nouveaux essais, de nouvelles découvertes, de nouvelles introductions de l'étranger peuvent vous faire adopter de nouvelles semences en remplacement d'autres que vous aviez primitivement accueillies, etc. Enfin vous pourrez modifier la répartition de vos engrais ou rechercher de nouveaux amendements en raison des changements apportés dans vos cultures. Vous voyez donc combien l'agriculteur éclairé que nous supposons en action, usant de la faculté indéfinie qu'il a de choisir et de varier ses semences et ses procédés, peut avoir de motifs pour dévier des premières règles que la prudence lui avait tracées. Il fera donc, à volonté, des emprunts à ceux pratiquant, soit un assolement triennal, soit un assolement quadriennal, soit un assolement septennal, etc., etc., de manière à s'approprier les principaux avantages qu'ils peuvent présenter. C'est sous ce rapport que nous n'attachons qu'une importance secondaire à la question de savoir quelle sera la période d'assolement qu'on adoptera pour Grignon. Tout ce que nous demandons, c'est que le directeur possède à fond la théorie générale des assolements telle que nous venons de l'exposer sommairement, qu'il soit un habile agriculteur ; et, comme à cet égard les vœux du conseil et de la Société sont remplis, il ne leur reste qu'à attendre avec confiance les heureux résultats qu'obtiendra M. Bella par l'application de ses connaissances et l'usage de la liberté pleine et entière dont il doit jouir pour les détails d'exécution.

Du reste, à aucune époque, la direction de Grignon ne s'est trouvée, sous le rapport financier, plus à l'aise, plus libre de ses mouvements ; elle a plus de 30,000 fr. en caisse, des denrées en magasin et sur le point d'être livrées à la vente, enfin une belle récolte en perspective.

Dans cet état de choses, le conseil n'hésite pas à vous proposer, messieurs,

1° D'approuver le compte rendu par la direction pour l'exercice 1842-43, se soldant en bénéfice par 31,611 fr. 81 c. ;

2° D'autoriser, sur les bénéfices dudit exercice, un dividende de 4 p. 100 sur le capital de 304,800 fr. versé par les actionnaires, soit. . . . . 12,192 »

lesquels, déduits de. . . 94,367 54

formant l'augmentation du capital au 30 avril 1843, laissent disponibles, pour le dix-septième exercice. 82,175 54

(108)

Report. . 82,175 fr. 54 c.

A quoi, ajoutant le capital
primitif des actionnaires, ci . 304,800 »

On a, au 30 avril 1843, un
capital total de. . . . . . 386,975 54 c.

TROISIÈME PARTIE.

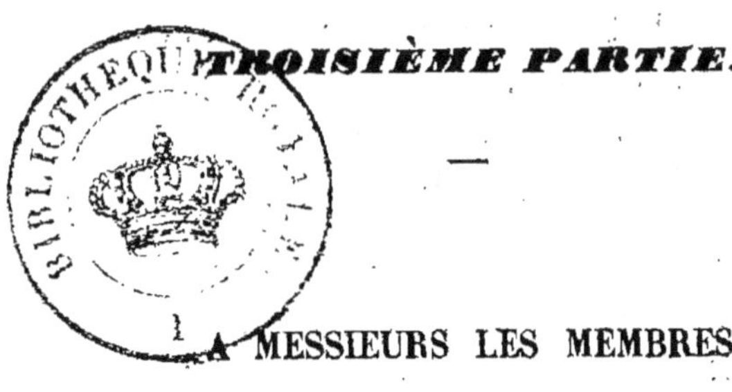

A MESSIEURS LES MEMBRES

DU

CONSEIL D'ADMINISTRATION

de l'institution royale et agronomique

DE GRIGNON,

par **M. Caffin d'Orsigny**, l'un de ses membres.

MESSIEURS,

Les désordres récents qui viennent de porter
la désorganisation au sein de l'institut de Grignon
ont éveillé votre juste sollicitude et fixé toute
votre attention; le public agricole s'en est lui-
même vivement préoccupé, et des esprits peu
bienveillants, portant plus loin leurs investigations, ont soulevé des doutes sur la prospérité
de la situation financière de Grignon, sur la réa-

1**

lité des résultats annoncés dans vos comptes et sur l'habileté de la direction imprimée à l'exploitation. La responsabilité morale dont le conseil de la Société de Grignon est chargé, en face des actionnaires, en face de l'agriculture entière, nous fait un devoir de rechercher ce que de pareils bruits peuvent avoir de fondé, pour démentir les faits s'ils sont faux, pour y remédier s'ils sont réels.

Mais pour moi, personnellement, permettez-moi de le dire, messieurs, pour moi, que vous avez associé à vos travaux, non pour donner à l'établissement un haut patronage, mais pour apporter, dans la surveillance de Grignon, l'expérience d'une longue pratique agricole, une obligation plus rigoureuse m'est imposée; laisser ces doutes sans les approfondir, ce serait trahir les intérêts qui me sont confiés, et, si l'accusation était réelle, mon silence assumerait sur moi une grave complicité.

Sous l'impression de ces considérations, nous avons pensé qu'il était de notre devoir de nous livrer à un examen approfondi de la situation réelle et de la marche de l'institut de Grignon : c'est le résultat de cet examen que nous avons l'honneur de vous présenter.

Quel est, en réalité, l'état financier de l'institut ?

Quelles sont les causes auxquelles peuvent être dus les vices de la situation, s'il en existe?

Quels remèdes possibles peuvent y être appliqués?

Telles sont, messieurs, les questions que nous nous sommes proposé de résoudre dans cet examen.

Rien de plus simple, au premier aspect, que d'apprécier la situation financière de Grignon. L'établissement possède une comptabilité étendue : de cette comptabilité émanent, chaque année, des comptes, des tableaux, des chiffres résumés dont l'exactitude, la régularité apparente, l'exécution matérielle même sont séduisantes; mais, il faut le dire, messieurs, toute cette symétrie, toute cette régularité mathématique s'évanouit devant le plus simple examen. Rien d'arrêté ni de suivi dans le plan, point de spécialité dans les chapitres des comptes qui, chaque année, paraissent ou disparaissent sans motif; des contradictions choquantes, des entrées et des sorties impossibles, voilà ce qui ressort des recherches, même les moins approfondies, dans ce dédale de chiffres.

Quelques citations, messieurs, vont vous en convaincre : nous avons rapproché, dans un tableau que nous vous soumettons, tous les inventaires imprimés aux *Annales*.

Ce qui frappe à la première inspection de ce tableau, c'est d'abord la variation continuelle dans la spécialité des comptes; les uns, comme ceux de *bois brut, bois ouvré, matériaux en magasin, instruments à la vente, avances à l'école, augmentation du capital des terres, mobilier de la féculerie,* etc., figurent pendant trois années, puis disparaissent entièrement, ou vont se confondre avec d'autres comptes.

Le compte *mobilier de ferme*, par exemple, se réunit, en 1835, au *mobilier de la féculerie* dont il était distinct, et, par suite de cette jonction, le *mobilier de ferme* est porté de 29,000 à 44,000 fr., quoique cette adjonction ne doive lui apporter que 4 à 5,000 fr. de plus. En 1840, on les sépare de nouveau sans motif apparent. Le mobilier de l'école reste confondu, jusqu'en 1836, avec le mobilier de ferme; on le spécialise à cette époque, mais il ne reparait plus en 1837 et 1838.

Les comptes *d'engrais, d'avances aux cultures, d'amélioration foncière, augmentation du capital des terres* se séparent ainsi sans motif, et il devient impossible de les suivre à travers toutes ces transformations.

Certains comptes, comme le jardin, n'apparaissent qu'une fois (en 1832); d'autres, comme la pièce d'eau, ne commencent qu'en 1840. Bien d'autres anomalies plus étranges se rencontrent dans les comptes, comparés d'une année à l'autre; on les voit diminuer, augmenter, sans motif appréciable.

C'est ainsi que le compte d'engrais s'élève tout à coup de 40,000 francs en cinq ans, quoique, d'après le compte matériel des fumiers, les quantités n'aient pas augmenté.

ENGRAIS DE 1828 à 1841.

ANNÉES.	FUMIER d'écurie. Kilos.	VASE. Argent.	PARCAGE. Argent.	ENGRAIS pulvérulent. Argent.	ENGRAIS végétal. Argent.	FUMERON, par année.
1828 à 1829......	2,646,000	900 »	796 »	»	»	7,851
1829 à 1830......	1,854,750	»	1,552 65	340 »	»	6,501
1830 à 1831......	2,676,375	»	»	»	1,042 51	7,538
1831 à 1832......	2,675,625	504 »	906 42	582 58	2,806 30	7,977
1832 à 1833......	3,834,250	1,010 52	35 08	5,699 55	304 33	7,558
1833 à 1834......	2,947,875	7,785 81	874 10	9,026 68	975 92	8,701
1834 à 1835......	1,797,750	3,245 20	525 »	6,037 43	1,036 48	5,710
1835 à 1836......	1,512,375	296 76	581 65	5,605 30	1,204 43	4,087
1836 à 1837......	1,967,250	531 66	980 65	7,725 21	»	5,316
1837 à 1838......	2,073,375	2,111 23	186 »	7,278 74	»	5,603
1838 à 1839......	2,243,625	238 97	1,342 17	4,811 89	»	6,712
1839 à 1840......	2,689,500	944 48	1,259 15	4,084 94	»	7,269
1840 à 1841......	2,423,625	1,719 83	1,741 84	5,083 45	»	6,550
Totaux......	30,342,375	19,288 46	10,790 71	56,275 77	7,429 97	

J'abandonne, d'ailleurs, à votre examen le

reste du tableau et les résultats inexplicables de ses chiffres ; mais, s'ils ne suffisaient pas pour vous convaincre de tout ce qu'il y a de décevant dans cette comptabilité, j'en appellerais aux souvenirs de ceux de nos collègues qui ont pu vérifier, tout dernièrement encore, les entrées et les sorties de l'exercice 1841-42; ils se rappelleront que, des mains courantes, il résultait une consommation de 26 pour 100 de sucre en moins qu'il n'en était entré ; en huile, de 25 pour 100 en plus ; en fourrages, 25 pour 100 de plus ; en lard, 19 pour 100 de moins.

Avions-nous besoin, en présence de ces chiffres, de l'aveu qui nous fut fait alors, par le comptable lui-même, que les entrées et les sorties étaient balancées chaque année, et *arrangées* de manière à les faire coïncider entre elles au moyen de répartitions proportionnelles? Cet arrangement ne ressort-il pas encore plus évidemment des balances elles-mêmes? Prenez les comptes de magasin, vous y verrez entrer et sortir exactement les mêmes quantités de grains, quoiqu'il y ait eu des déchets, des criblures indiquées dans la comptabilité. Autre preuve de l'arbitraire de tous ces chiffres : reportez-vous au compte rendu de 1842 que nous allons discuter, vous y trouverez pour 38,000 bottes de paille, 4,600 sacs de menue paille, c'est-à-dire 4,000 sacs au moins de trop ; 13,000 kil. d'orties, quoiqu'on ne cultive pas , que nous sachions , cette plante à Grignon ; vous y verrez encore les engrais se balancer à 1 kil. près, sur plusieurs millions de kilogrammes , et dans ces engrais, brouettes et fumerons de fumier de bœuf, de cheval, de mouton, de vache, de vase, évalués au même prix, malgré la différence énorme de qualité sous le même volume.

C'est donc un fait bien démontré que la comptabilité elle-même, la seule source où nous puissions puiser nos arguments , est inexacte et fictive, quoique régulièrement exécutée par le comptable, mais sur des éléments fournis par le directeur et altérés dans un but et des intérêts particuliers.

Vous comprendrez, dès lors, messieurs, que l'examen que nous avons fait est nécessairement incomplet ; que, si nous avons découvert des erreurs et des pertes, nous sommes resté forcément en deçà même de la vérité, que l'inventaire de 1843 et le compte rendu de la même année pourraient seuls éclairer ; mais à cette condition, cependant, que vous prendriez la mesure que nous avons toujours proposée, que vous placeriez la comptabilité tout à fait en dehors de la direction, et que vous feriez vous-mêmes l'inventaire annuel.

Quoi qu'il en soit, ces préliminaires posés, nous entrons dans l'examen de la situation financière de Grignon.

L'actif se composait, d'après l'inventaire de 1842, ainsi qu'il suit :

ACTIF.

Mobilier..............................	28,401	48
Animaux..............................	63,748	10
Denrées destinées à la vente.	12,670	20
Id. *id.* à la consommation.	14,788	96
Engrais enfouis antérieurement à l'exercice, ci.................. 29,038 55	53,159	10
Engrais enfouis pendant l'exercice 24,120 55		
Avances aux cultures..................	38,634	03
Améliorations foncières reçues... 33,061 26	69,429	76
Id. non reçues... 36,368 50		
Mobilier des fabriques.................	4,313	»
Denrées destinées à la vente.............	18,606	80
Id. à la consommation........	12,203	96
Avances aux pièces d'eau................	1,768	»
Id. au jardin potager.............	1,003	15
Id. à la pépinière..............	6,407	75
Mobilier d'école.....................	35,472	85
Pour couvrir les pertes d'école...........	12,051	80
Caisse.	5,446	04
Id...............................	15	62
Dû par les actionnaires................	2,400	»
Bourses du gouvernement...............	8,631	28
Id. du département................	5,002	65
Élèves, compte personnel...............	10,278	05
Frais d'instruction...................	13,217	87
Divers débiteurs.....................	793	21
TOTAL..................	418,443	96

PASSIF.

	Report de l'actif...	413,443	96
Capital des actions...............	307,600	»	
Paille trouvée dans la ferme....	2,928	86	
Dividendes autorisés.............	19,627	71	
Employés, compte d'épargne...	5,988	28	
Professeurs soldés...............	1,335	38	
TOTAL.......	338,480 23	338,480	23
EXCÉDANT de l'actif..............		74,963	73

De cet état ressort donc un excédant en actif de 74,963 fr. 73.

Eh bien, messieurs, cet excédant n'a rien de réel et ne s'est créé qu'à l'aide de valeurs fictives.

Parmi ces valeurs, la plus importante est celle des engrais, dont le chiffre s'élève à 53,159 fr. Nous n'examinerons pas si, en effet, le sol renferme une telle masse d'engrais; c'est là un fait plus que douteux. En effet, si nous jetons un coup d'œil sur les exercices antérieurs, nous trouvons, pour 1831, par exemple, 56,000 fr. d'engrais et d'avances aux cultures confondus ensemble. Le chiffre des avances aux cultures (labours, semences, etc.) était, à cette époque, aussi élevé sans doute qu'il l'est aujourd'hui, 38,000 fr. environ; restait donc au compte d'engrais 17,400 fr. environ, chiffre qui s'élève aujourd'hui à 53,159 fr.

Le 30 avril 1838, le besoin de présenter un capital qui était nécessaire à l'actif fit imaginer de porter le prix des fumerons au double de sa valeur, c'est-à-dire de 1 à 2 fr. ; le parcage de 100 à 200 fr. l'hectare. On double de même le prix des *vases* et autres engrais, de là une valeur fictive à vos inventaires, et de plus de 100 pour 100 (1); on fait plus encore, on prolonge indéfiniment la durée présumée des engrais enfouis, et cela à un tel point qu'on porte encore, comme valeur, des fumiers qui sont dans la terre depuis neuf ans. Cependant, depuis cette époque, c'est un fait remarquable que la masse des engrais a toujours diminué à Grignon. La moyenne triennale de ces engrais s'établit ainsi, d'après l'état dressé sur les livres de l'établissement :

De 1829 à 1831.	7,177,125 k.	15,634,870 k.
De 1831 à 1834.	8,457,745 k.	
De 1834 à 1837.	5,277,875 k.	12,283,275 k.
De 1837 à 1840.	7,600,500 k.	

Il en est de même des matériaux d'engrais; la

---

(1) Nous lisons dans les comptes, année 1837, 5,246 fumerons estimés 5,246 fr., et, l'année suivante, 5,529 fumerons estimés 11,057 fr.

paille, en 1842, se réduit à 38,000 bottes. Comment donc accorder deux faits aussi contradictoires ?

La comptabilité va nous expliquer encore cet étrange résultat ; mais là, du reste, n'est pas la question ; le chiffre d'engrais, fût-il même réel, ne pouvait être présenté comme un actif d'après les usages ordinaires des baux.

La ferme, en effet, messieurs, était empaillée, c'est-à-dire pourvue de ses pailles et fumiers ; rien n'en a été distrait par les fermiers, pas même les menues pailles ; elle doit être rendue de même. Nous voyons figurer, à la vérité, au passif un article de 2,928 fr. pour paille trouvée dans la ferme ; mais une enquête auprès des anciens fermiers nous a fait découvrir que cette somme leur avait été comptée non pour la valeur des fumiers, mais seulement pour le droit de consommation de la paille.

Dira-t-on, comme nous le voyons écrit dans les *Annales*, 10ᵉ livraison, page 45, que c'est une richesse qu'on consommera ; qu'avant la fin du bail on épuisera le sol ? Votre loyauté, messieurs, se révolterait devant un pareil argument ; vous savez trop que vous devez à la liste civile la ferme en bon état, que vous devez à l'agriculture l'exemple d'une exploitation améliorante ; mais, nous venons de l'établir d'ailleurs, il n'y a, dans le sol, qu'une richesse à peine normale pour une culture ordinaire. Il y a plus, si ce système de culture continue, avant peu les terres, par l'abus des prairies artificielles, deviendront impropres à ce produit, ce qui se fait déjà sentir d'une manière prononcée.

Première valeur, donc, à rayer de l'actif... 53,159 fr. 10 c.

Près de cette somme, nous en trouverons, sous le titre d'améliorations foncières, une autre de 69,429 fr., dont 36,368 fr. ne sont pas encore reçus par la liste civile. Ne craignez-vous pas, messieurs, que des objections soient, comme lors de la première réception, élevées par le domaine, et des réductions opérées par lui dans le chiffre de ces améliorations.

Il nous est impossible de passer en revue toutes ces améliorations; mais, par celles qui figurent au compte de 1842, nous pouvons peut-être les apprécier, et quelques appréhensions s'élèveront dans vos esprits sur leur acceptation. Nous lisons,

Par exemple ,

Fenêtres bouchées en pisé............	» »
Mangeoires doublées de zinc...........	188 »
Barrières posées dans les pépinières,...	69 »
Réparations aux chemins.............	931 »

Sont-ce là réellement des travaux qui aient le

caractère de fixité et de durée qui en fait des améliorations foncières? Dans vingt ans que restera-t-il des plaques de zinc, du pisé et des pierres que vous avez jetées sur le chemin? Si telles sont les améliorations représentées par les 36,368 fr., ne pensez-vous pas qu'il est prudent de ne faire figurer, jusqu'à nouvel ordre dans votre actif, que comme mémoire une valeur aussi éventuelle?

En poursuivant notre examen, nous trouvons encore, parmi les dettes actives, 14,000 fr. pour créances irrécupérables, qui ne peuvent évidemment figurer à l'actif d'une manière sérieuse. Ces trois articles seuls présentent donc une réduction certaine pour les uns et éventuelle pour les autres de 103,527 fr.

Restent trois articles qui composent à peu près l'inventaire mobilier; ce sont

Les mobiliers............	68,187 fr.	33 c.
Les magasins............	58,269	76
Les animaux............	63,848	10
Ensemble......	190,305	19

Il nous est fort difficile, messieurs, de juger de la réalité de ces chiffres, les inventaires seuls pourraient nous éclairer sur ce point; mais ces inventaires, faits sans contrôle, sous une direction dont l'intérêt est d'exagérer les valeurs, ne nous donneraient encore que des lumières trompeuses ; cependant nous avons pu juger par nousmême que les prix portés aux inventaires étaient enflés outre mesure.

La même observation a lieu pour les animaux : les chevaux, vieux pour la plupart, sont cependant évalués, en 1842, au même prix à peu près que l'année précédente. Dix-huit chevaux n'ont supporté, d'une année à l'autre, qu'une moinsvalue de 36 fr. Les bœufs sont estimés 400 fr. environ ; les vaches et les veaux sont évalués à une moyenne de 313 fr. 60 c. ; quelques bêtes sont portées même à 600 fr., et nous voyons des élèves de dix-sept jours à 70 fr. ; tel autre de quarante-cinq jours, 95 fr. ; un autre de deux mois, 110 fr. ; un autre de sept mois, 200 fr.

Nous voyons le troupeau de moutons estimé un tiers de plus que sa valeur réelle.

Nous possédons une estimation des animaux de Grignon, faite par des cultivateurs distingués, qui est inférieure de plus de 17,000 francs à celle de l'inventaire même de la direction, environ 40 pour 100 de moins.

Si nous ne craignions d'abuser de vos instants, nous vous citerions des articles mobiliers estimés plus cher que s'ils étaient neufs ; une quantité plus considérable d'objets inutiles, sans valeur ;

ceux utiles même sont en tel nombre, qu'ils dé-
passent trois fois les besoins.

Enfin les marchandises en magasin sont, dans
la plupart des inventaires, exagérées en valeur,
de telle manière, pour présenter un actif plus
élevé, que, chaque année, il se trouve des déficit
à la sortie : c'est ainsi que nous trouvons aux
pommes de terre 634 hectolitres et aux betteraves 18,492 kilogrammes de moins ; au bois en
magasin , 1,243 francs de perte. Il demeure démontré, pour nous, que les évaluations des inventaires sont enflées de plus de 20 pour 100 :
donc, si nous réduisons, suivant cette proportion, les 190,305 f. des inventaires, nous aurons
à diminuer encore de l'actif 38,000 f. au moins,
somme qui serait infiniment plus considérable
si on devait liquider ces valeurs.

Nous pourrions ajouter à tous ces actifs fictifs
ou douteux 1,768 f., pour avances aux pièces
d'eau empoissonnées lors de l'entrée en jouissance, et qu'on doit rendre comme on les a reçues; 1,003 francs d'avance au jardin potager,
valeur qui surgit cette année, et qui n'existait
pas aux derniers inventaires; 2,400 f. dus par
les actionnaires : mais nous nous bornons aux
chiffres qui précèdent, lesquels chiffres nous
étonnent d'autant plus, que l'on a imprimé dans

la 10e livraison, page 23, qu'il est fait sur le mobilier mort une réduction annuelle de 20 pour 100, tandis que nous trouvons des objets mobiliers portés plus haut que s'ils étaient neufs.

Ces 141,528 francs déduits de 413,443 f., montant de l'actif supposé, resterait d'actif réel 271,917 francs.

Or le passif est, suivant l'inventaire même, de 338,480 f. 23 c., auxquels on doit ajouter 12,000 f. de dividende offerts par le directeur pour 1841, soit 350,480 francs.

A déduire de l'actif réel de 271,917 f., reste un déficit de 78,563 f., au lieu d'un bénéfice de 74,963 f.; différence, 153,126 f.

Tel est, messieurs, le tableau réel de la situation financière de Grignon, et je crois plutôt en avoir affaibli que chargé les tristes couleurs. Cet état de choses ne doit pas vous surprendre, messieurs; depuis la création de l'établissement, c'est l'histoire de chaque exercice; et, chaque année, nous avons appelé l'attention du conseil sur la marche décroissante de notre capital; car ce n'est plus seulement une somme de 78,000 f. qui a été engloutie depuis 1828 par l'exploitation : voici une note irrécusable, elle porte l'indication fidèle des livres de comptabilité d'où elle a été tirée.

L'exposé de la formation du capital, de 1826

au 30 avril 1844, nous apprend que, indépendamment des 300,000 f. du fonds social, l'actif
de la Société s'est encore accru

1° De 104,463 francs 52 c. de divers dons faits
à l'établissement ;

2° De 92,080 f. 22 c. de dividendes abandon -
nés par les actionnaires à l'exploitation pour
accroître ses moyens ; sommes qui, ajoutées aux
78,563 f. de déficit, portent les pertes de l'é-
tablissement à la somme de 275,106 f. 74 c.

(Voyez l'exposé , pages 20 et 21.)

EXPOSÉ

de la formation du capital, depuis 1826 inclusivement, au 30 avril 1841.

Capital versé par MM. les actionnaires....................................... 304,000 »
Intérêts de ce capital à 4 p. 100 l'an, au 30 avril 1841.......... 153,559 40
A déduire, pour dividende payé,   id...................... 61,478 18

Reste en intérêts capitalisés................. 92,081 22   92,081 22

APPENDICE AU CAPITAL formé par les dons faits à l'institution et qui ont été considérés comme bénéfices dans la passe des écritures.

Grand livre A, f° 287.	Reçu du fermier sortant une année de fermage et pot-de-vin....	15,609 06
Id.	131.	Chasse de 1826 à 1827, excédant de la recette sur la dépense...	642 13
Id.	275.	Pêche id. id. id...............	2,984 98
Id.	261.	Don de M. Caffin d'Orsigny, 5 brebis......................	90 »
		Du même, un manège de féculerie (porté nulle part) dont la liste civile a tenu compte, lors de la réception des améliorations, évalué	400 »
Id.	261.	Don du roi en 1827, à béliers nat...............	2,000 »

Coupes extraordinaires de bois.

Grand livre A, f° 52 à 62.	30 juin 1827, excédant de la recette sur les frais d'exploitation.............................	21,705 »
	31 mai 1828, id. id. id.....	38,228 18
	30 juin 1829, id. id. id.....	20,003 88

79,937 06

A déduire. Le montant net de deux coupes ordinaires sur la moyenne des coupes des 3 années suivantes............ 2,951 63 } 16,656 85
Bois employé aux améliorations........ 13,705 22 }

Reste net.................... 63,280 21   63,280 21

Grand livre, f° 203. 30 juin 1830, vente de 12 orangers....................... 480 »
Excédant sur les sommes versées par les élèves pour droits d'entrée et d'indemnité de linge, déduction faite de l'entretien et amortissement du mobilier............................. 8,230 06
Mobilier figurant à l'actif acquis avec une partie des fonds accordés par M. le ministre de l'agriculture.................. 6,818 23

100,534 66   100,534 66

Paille et fumier trouvés dans les cours et granges, non compris celui déjà enfoui par le fermier sortant........................ 3,928 86
Mobilier appartenant à la liste civile, non compris dans l'inventaire........ 10,307 15

TOTAL GÉNÉRAL............ 510,851 89

Pour être exact dans nos calculs, il faudrait joindre encore à ces pertes tout ce que, dans des conditions ordinaires, le domaine de Grignon aurait pu produire pour le propriétaire et le fermier. Si nous consultons, pour cet effet, le revenu du domaine de Grignon avant l'acquisition faite par le domaine du roi, nous voyons que 251 hectares de terre étaient loués 20,198 fr. de prix principal et faisances, ce qui fait 80 f. 47 c. l'hectare, ainsi qu'il est détaillé ci-après :

1° Bail à madame Vavasseur, 251 hectares loués pour 14,400 fr., ci......................	14,400	»
2° Impôts....................................	2,900	»
3° *Faisances :*		
400 bottes de paille.....................	100	»
12 setiers d'avoine.....................	300	»
1 setier de noix.....................	18	»
50 paires de pigeons..............	50	»
12 setiers de blé....................	300	»
Voitures nécessaires aux réparations.	300	»
Voitures à Versailles ou Paris, pour foin...........................	180	»
4 journées de voitures à 4 chevaux..	120	»
Soins à donner aux vaches..........	400	»
Charrois et débardage pour la maison de la maréchale..............	400	»
Remplissage de la glacière.........	300	»
Transport du linge au lavoir.......	100	»
Charrois de pierre pour les chemins.	90	»
3 voitures de bon fumier..........	90	»
Culture de 2 arpents de terre pour la maison de la maréchale..........	150	»
Ensemble........ 2,898 »	2,898	»
Total égal..............	20,198	»

	Report.	20,198	»
La pêche des étangs se vendait, tous les trois ans, 5,000 fr. environ ; le tiers est de.........		1,666	66
La vente annuelle des bois s'élevait, en moy..		7,000	»
La haute futaie, estimée 146,700 fr. divisés par 60, donne un revenu de.................		2,445	»
Réserve de 30 hect. 9 ares de pré, terre, etc.		2,000	»
Jouissance du château et jardins, estimée...		2,000	»
La chasse., évaluée......................		1,500	»
Total...........		36,809	66

A déduire :

Réparations annuelles, estimées.... 1,000 »		
Portier......................... 800 »	6,000	»
Garde......................... 700 »		
Impositions, 3,500 fr. environ, ci.. 3,500 »		

	Reste....................	30,809	66

A cette époque, le prix du loyer et des accessoires était perçu annuellement, tandis qu'aujourd'hui il est employé en améliorations foncières qui profitent à la Société pendant sa jouissance.

Si l'on considère que la valeur locative a augmenté partout en raison de l'augmentation des capitaux ou des valeurs représentatives, ainsi qu'on le reconnaît par l'augmentation du prix des terres et la hausse toujours croissante des fermages, on est porté à croire que la terre de Grignon a aujourd'hui une valeur de 90 francs de loyer par hectare, comme le directeur l'a énoncé dans la 10e livraison des *Annales,* page 54 (1); mais ce n'est pas l'amélioration des terres qui aurait apporté cette augmentation de 10 francs, ce n'est que l'augmentation progressive survenue sur toutes les propriétés, ainsi que nous venons de l'exprimer plus haut.

Nous vous prions encore d'observer que madame Vavasseur a joui de trois baux de la grande ferme, sans augmentation de loyer.

Le loyer actuel de Grignon se réduit, vous le savez, messieurs, à 300,000 f. d'améliorations foncières, qui, répartis sur les 40 années de jouissance, forment un fermage de 7,500 f. par an; mais nous admettrons, comme la comptabilité de Grignon, qu'on doit ajouter à ce fermage les charges accessoires qui l'aggravent, nous prendrons même les chiffres de cette comptabilité; nous dirons :

Prix principal du bail.................	7,500 »
Entretien des bâtiments et murs.......	3,308 72
Entretien des chemins.................	809 26
Frais d'institution....................	5,670 70
Plantations et regarnis des bois........	394 81
Contributions........................	1,448 12
Total du fermage et accessoires....	19,131 61

(1) Il y a une erreur dans les *Annales*. Madame Vavasseur rendait 20,198 fr., loyer, impôt et faisances,

En résumé :

La propriété de Grignon rapportait,
avant la jouissance de la Société, brut 36,809 f. et net 30,809 f.
    Depuis la jouissance de la Société,
elle rapporte ou elle est louée.. brut 19,131 f. et net 7,500 f.

Si l'on avait loué le domaine de Grignon à un fermier ordinaire, on aurait touché annuellement de ce fermier un loyer de 30,809 francs.

Multiplions ce loyer par quinze années de jouissance, nous aurons un total de............................... 462,135 »
    Nous aurions aussi les intérêts à 4 p. 100 l'an...... 18,485 »
    Il y aurait encore à ajouter le bénéfice du fermier, qui, suivant cet ancien adage : dans une bonne culture, il y a 1/3 pour les frais, 1/3 pour le propriétaire, 1/3 pour le fermier, l'on aurait encore une somme de 462,135 »
    Ce même fermier aurait aussi apporté son capital d'exploitation de 300,000 fr.; les intérêts de ce capital se comptent ordinairement de 8 à 10 p. 100 ; portons-le seulement à 5 p. 100, nous aurons pour quinze années... 225,000 »

                            Total.............. 1,167,755 »

C'est bien cette somme de 1,167,755 fr. qu'aurait obtenue un fermier qui aurait fait seu-

___

pour 251 hectares ; ce qui fait 80 fr. l'hectare, au lieu de 50 fr. portés aux *Annales*. M. le directeur, qui avait connaissance de ce fait, aurait dû être plus exact : ainsi disparaît, en partie, toute l'économie de la page 51 desdites *Annales*.

lement de la culture ordinaire comme on la fait dans cette contrée.

Consultons, par exemple, madame Vavasseur, elle n'a réellement eu que la jouissance de la ferme extérieure, qu'elle n'a quittée qu'en pleurant, parce que, avec sa bonne culture, son ordre et sa sévère économie, elle a élevé et bien établi cinq enfants, et elle y a amassé une fortune honorable, dont l'importance est proportionnellement plus considérable que le tableau que nous vous présentons.

Ainsi l'on peut dire, sans crainte d'être taxé d'exagération, que les actionnaires auraient aujourd'hui en caisse 1,167,755 fr., s'ils avaient conservé l'ancien fermier, au lieu de M. Bella, directeur; et si l'on avait confié l'école à un directeur *ad hoc*, comme le voulait judicieusement M. Polonceau, cette école, au prix actuel de la pension, aurait aussi donné, de son côté, des bénéfices considérables.

Si en quinze ans l'exploitation, avec tant de ressources, a englouti un capital aussi énorme, que ne devons-nous pas redouter pour l'avenir?

En face d'un si grand déficit, on se demande quelles causes ont pu le faire naître. Ces causes, je n'ai pas la prétention de vous les faire connaître tout entières; il faudrait, pour cela, des recherches et des travaux auxquels je n'aurais pas le courage de me livrer, lors même que les éléments de ces investigations seraient entre mes mains. Cependant j'ai cru, dans l'examen seul de la comptabilité, dont le résumé vient de vous être remis, avoir rencontré la source première du mal.

Trois causes principales paraissent avoir concouru à produire cette situation fâcheuse de l'exploitation :

1° Les dépenses excessives de la culture ;

2° Les vices des assolements et des spéculations ;

3° Le défaut d'ordre et de prévoyance.

Nous ne serons pas embarrassé pour signaler les dépenses excessives ;

On les trouve, en quelque sorte, à chacun des chapitres ; mais le compte de main-d'œuvre et celui d'employés sont ceux où cette exagération de frais est le plus évidente.

Si on décompose le chiffre énorme de 27,000 fr. qui forme le solde de la main-d'œuvre, on arrive à un nombre presque incroyable d'ouvriers journaliers : soixante-quinze par chaque jour de travail de l'année.

Les employés, parmi lesquels ne sont pas classés les gardes et concierges, ne forment pas moins de trente-neuf têtes, ensemble cent quatorze personnes employées par jour. Comment s'étonner ensuite de trouver aux frais de culture, pour 280 hectares, dont 127 en prairies naturelles, artificielles et gazons, 62,162 fr.? Faut-il descendre dans les détails? Nous voyons partout se reproduire cette dépense exagérée; pour les bœufs et les chevaux, au nombre de trente-trois, le pansage seulement absorbe une somme de 2,260 fr.; la volaille, qui produit brut 600 fr., est débitée de 552 fr. pour les soins d'une fille de basse-cour seulement. Prenons un autre exemple dans les cultures spéciales : *l'avoine de la première division*, les seuls frais de récolte et de moisson s'élèvent à 38 fr. par hectare, tandis que, dans nos fermes, 18 à 20 fr. payent ce travail.

Vous parlerai-je encore d'un compte de balais où se trouvent, en deux articles, 102 fr. 30 c. seulement pour façon? Or, comme cette façon est de 3 centimes au plus, il s'ensuivrait que 3,410 balais auraient été employés, cette année, dans la ferme. Puis vient enfin la pharmacie, qui fournit, pour les animaux seulement, 500 fr. de médicaments; c'est une exagération des quatre cinquièmes.

La main-d'œuvre, du moins, est-elle employée avec sagacité? produit-elle une valeur? On doit en douter quand on lit, au compte de basse-cour, que des fumiers de cour, ramassés et mis en tas, ont coûté, en manipulation, 2,718 fr.; or le fu-

mier ramassé n'a produit, suivant la comptabilité, au prix forcé de 2 fr. le fumeron, que
2,718 fr., somme exactement égale (la coïncidence
est par trop bizarre pour que nous n'y voyions
pas encore une manœuvre de la comptabilité) (1);
mais en acceptant même ce fait il en résulterait
que, loin de créer, on est parvenu à absorber une
valeur par le travail.

C'est sans doute là, messieurs, un grand vice
dans l'exploitation que cette main-d'œuvre inutile, et, à elle seule, elle justifierait le reproche
de mauvaise administration que nous croyons
pouvoir adresser à la direction; mais les spéculations malheureuses, les résultats incroyables de
certaines cultures démontrent encore combien
ces reproches sont fondés.

Tous les bestiaux, les porcs exceptés, donnent
de la perte : bêtes à laine, 4,000 fr., et cela indé-

---

(1) Nous pourrions aussi citer la même chose à l'égard
des bœufs, car nous voyons, par le tableau de leur dépense et de leur produit, depuis 1829 jusqu'en 1839,
qu'ils ont dépensé, chaque année, en nourriture et en
soins, une somme exactement pareille au produit de leur
travail, calculé à raison de 30 centimes l'heure. Cette
coïncidence, qui se répète tous les ans, à 1 centime près,
nous prouve, jusqu'à l'évidence, qu'elle se rattache à la
même manœuvre.

pendamment de 1,000 fr. environ de sinistres (1);
les vaches, perte, 5,000 fr. Comment s'expliquer
un tel résultat? Selon nous, c'est qu'on a voulu
faire de la vacherie un objet de luxe; on a voulu
créer ou plutôt naturaliser une race, aujourd'hui,
du reste, délaissée en France; on a voulu, à tout
prix, que cette race attirât l'attention publique;
on a fait, chaque année, des acquisitions onéreuses
parmi les plus belles de Schwitz (en 1841 on en
voit encore douze, achetées 532 fr.). Quoique la
vacherie doive se suffire à elle-même par son
croît, on a forcé en nourriture pour donner à ces
bêtes une belle apparence, et l'excès de nourriture, joint à une stabulation rigoureuse, a amené,
dans la vacherie, la stérilité à ce point, qu'on ne
compte, cette année, que vingt naissances.

Il n'est pas jusqu'à la volaille qui ne donne des
pertes; il est vrai que les poules de Grignon produisent trois fois moins que dans les exploita-
tions ordinaires.

La perte sur les moutons est d'autant plus remarquable que deux cent quatre ont été vendus
à l'école 1 fr. 20 c. le kil., beaucoup plus que

-----

(1) Les moutons, source de richesse pour les cultivateurs de la contrée, ont occasionné, pendant dix ans,
une perte de 59,963 fr. 50 c.

leur valeur, ce qui dissimule une grande partie
du déficit.

Mais les pertes les plus extraordinaires sont
celles présentées par les prairies naturelles et les
bois : 19 hectares 85 cent. de prairies sont en
perte de 1,023 fr. 61 c.; cependant le produit
moyen par hectare est satisfaisant. Ce fait étrange
ne s'explique que par les frais excessifs d'irrigation qu'on voit figurer pour 877 fr., quoique le
système d'irrigation soit établi depuis longtemps (1), et surtout par les dépenses de fau-
chage et de récolte; si nous refaisons, en effet, le
compte pour le mettre en harmonie avec les dépenses ordinaires de la localité, nous trouvons un
bénéfice de 1,800 fr. au lieu d'une perte de
1,023 fr. 61 c.

Quant à la perte sur la coupe de bois, comment
l'expliquer, surtout après les pompeuses annon-
ces qui vous sont faites, chaque année, d'améliorations de bois, de repeuplements, etc., etc.

Ces améliorations sont-elles bien réelles, s'il
est vrai que les moutons, comme on nous l'a

---

(1) Nous remarquons que la dépense des rigoles et
sangsuraux établis pour le service des irrigations ne
figure pas dans ces comptes, et qu'elle est, au contraire,
portée, chaque année, au compte des améliorations foncières.

assuré, vont pâturer dans certaines parties de ces bois, si les herbes et les feuilles en sont enlevées pour litière? Enfin la cause première de cette perte ne serait-elle pas encore ici dans ces 425 fr. de frais de débardage, frais qui ne doivent pas, d'ordinaire, dépasser le cinquième des frais de coupe, qui s'élèvent ici à 666 fr. 95 c., ainsi que les frais d'ébourgeonnage, qui montent à 296 fr. 47 c.? car on ne doit pas compter les dépenses d'améliorations et de repeuplements, puisqu'elles sont portées à un autre compte.

En face de toutes ces pertes, qu'on ne saurait se dissimuler, ne faut-il pas reconnaître qu'il existe un vice dans l'assolement suivi? La crainte d'abuser de vos moments nous a interdit un examen étendu de l'assolement et de ses produits depuis quinze ans. Cette tâche est facile; deux rotations, en effet, se sont écoulées : les immenses résultats que vous promettait le directeur se sont-ils réalisés? La terre devait arriver à un tel état de fécondité, qu'elle suffirait, suivant lui, aux récoltes les plus épuisantes; que ses produits devraient alimenter une tête de grand bétail par hectare et rendre à la terre des masses d'engrais décuples.

Au lieu de tout cela, messieurs, que se passe-t-il aujourd'hui? La fécondité est inférieure à ce qu'elle était à l'origine de l'assolement; nous espérions vous en convaincre par le tableau synoptique des récoltes depuis 1830 jusqu'à ce jour, mais nous n'avons pu obtenir de M. le directeur que des promesses qu'il n'a pas réalisées, dans la crainte, sans doute, de fournir lui-même une preuve irrécusable de la décroissance annuelle des produits. Nous avons vu la récolte en terre, les trèfles n'ont pas réussi, les herbes donnent peu, car la terre en est lasse : on a peu de bestiaux de plus qu'en 1833; encore, pour les nourrir, n'a-t-on pas acheté, en 1840, plus de 4,400 hectolitres de pommes de terre; la pomme de terre, providence des animaux de Grignon, dont les chevaux eux-mêmes s'alimentent en partie.

Quant à ces masses d'engrais, vous savez à quoi vous en tenir; vous savez quelles quantités de vase, d'engrais pulvérulents viennent encore en aide à la culture; vous savez par quel artifice on a donné aux engrais une apparence d'accroissement, c'est d'abord en les portant aux comptes à un prix exorbitant; le pacage, par exemple, 200 francs l'hectare; c'est aussi en doublant le prix du fumier; c'est encore en prétendant arbitrairement faire durer, pendant quatre années, des engrais dont toute l'action s'épuise réellement deux tiers la première année et un tiers la seconde.

Mais, pour démontrer les vices de l'assolement, je ne veux que vous rappeler ce fait, c'est que, sur 280 héctares, 126 sont en diverses prairies, et cependant nous trouvons 4,000 francs de perte sur les fourrages annuels..... Nous ne parlons pas des trèfles, qui ne réussissent qu'exceptionnellement à Grignon.

A ces dépenses excessives, aux vices d'assolement, nous avons dit qu'il fallait ajouter ceux d'ordre et de surveillance.

Cette accusation ne ressort-elle pas déjà de la plupart des faits que nous avons cités, comme preuve du désordre de la comptabilité? Ces 26 pour 100 de sucre en moins; ces 27 pour 100 d'huile en plus; ces 4,000 sacs de menues pailles; ces 3,410 balais; ces 500 francs de médicaments pour les animaux seulement; toutes ces dépenses de détail, qui ne sont que des misères peut-être aux yeux de l'agriculture transcendante de Grignon, sont celles dans lesquelles se résument presque toujours les profits ou les pertes d'une exploitation rurale ordinaire.

Jusqu'ici, messieurs, nous ne vous avons parlé que de la ferme; mais il est une autre partie de l'institut qui ne mérite pas moins votre attention, et qui, dans les circonstances présentes, doit vivement vous préoccuper, vous comprenez que je veux parler de l'école d'agriculture.

L'école, qui, dans le principe, ne devait être

qu'un accessoire à l'exploitation, en est devenue, en quelque sorte, aujourd'hui, le principal; c'est par elle, avant tout, que le public agricole connaît Grignon, c'est à cause d'elle qu'il s'intéresse à la marche de l'institution; c'est par l'école que l'institution prend ce haut caractère d'utilité publique qui la place parmi les premiers établissements d'instruction professionnelle. L'école est encore la source des faveurs que le gouvernement a déversées sur Grignon. J'irai plus loin, messieurs, je dirai que l'école est le pivot de l'institution et qu'elle vient en aide à la culture; j'ai besoin d'insister sur ce second point, parce que la direction nous a présenté, jusqu'à ce jour, l'école comme un embarras et même comme une charge : il est vrai que, au moyen d'une comptabilité subtile, on a toujours fait balancer en perte le compte de l'instruction.

Par suite de quelles circonstances une telle erreur s'est-elle accréditée?

C'est, d'une part, que la comptabilité a fait supporter à l'école une partie des frais de la ferme;

De l'autre, que, par suite du même défaut d'ordre et d'économie que nous avons déjà signalé dans les autres branches de l'administration, les frais de nourriture et d'entretien des élèves ont été portés hors de toute limite raisonnable.

Vous savez, messieurs, que le prix de la pension est, à Grignon, de 850 f. par an, et que l'élève paye, en outre, un droit d'entrée et de literie de 180 f. Eh bien, ce prix de pension est insuffisant pour balancer les frais seuls de nourriture et d'entretien. Le chiffre de ces frais, en effet, n'est pas de moins de 2 f. 40 c. par tête et par jour. Souvent, messieurs, vous avez témoigné votre surprise à la vue d'une telle dépense; on a, pour vous répondre, objecté l'âge des jeunes gens et le voisinage de Paris, on vous a renvoyé même aux instituts d'Allemagne. Nous avons voulu répondre à ces objections par des faits; nous avons cherché deux établissements d'instruction placés dans des conditions à peu près identiques à celles de Grignon : l'école de Saint-Cyr et celle d'Alfort nous ont paru être dans ce cas. Or savez-vous, messieurs, à quelle somme s'élèvent les frais de nourriture et d'entretien d'un élève pour une année?

Ces frais sont :

A Grignon, de.....................	878	»
A Alfort, de.....................	350	»
A Saint-Cyr, de.....................	526	03
Différence de Grignon à Saint-Cyr.	350	»

Nous ne voulons pas d'autre preuve, messieurs, du vice de l'administration de l'école de Grignon

que ce simple rapprochement. Nous nous abstien-
drons de chercher d'autres causes à la persistance
que met le directeur à vous présenter cette école
comme une charge onéreuse à l'institution, quand
vous voyez déjà que sur le prix de la pension de
chaque élève il serait facile de trouver 300 fr.
au moins de bénéfice, sans compter les profits
que la ferme doit tirer des denrées de consommation qu'elle fournit à l'école, comme vous allez
en juger tout à l'heure.

Parmi les 18,000 francs de frais généraux qui
figurent à ce compte, vous remarquerez, messieurs ,

1° Une somme de 6,336 fr. 84 c., composée de
la participation qu'on impose à l'école dans les
frais d'état-major, de bureaux, dans les frais généraux de la ferme et ceux de gardes et concierges, etc. Avant l'institution de l'école, ces frais
étaient les mêmes, la ferme les supportait seule ;
depuis la venue des élèves, ils ont été mis à la
charge de ceux-ci : c'est évidemment 6,336 fr. 84 c.
dont la ferme est déchargée par l'école, c'est un
bénéfice qu'elle tire de sa création. 6,336 f. 84 c.

Mais l'école a produit surtout, pour la ferme,
cet immense avantage de lui amener sur place
des consommateurs de ses denrées ; les objets
vendus par elle aux élèves montent, d'après le
compte de ménage, à 9,507 fr. 92 c.; savoir :

Pommes de terre et légumes.	712	45
Haricots.	164	76
Farine.	124	73
Lait.	1,382	00
Beurre.	234	50
Fromage.	937	30
Viande.	3,044	05
Lard , graisse , saindoux.	926	»
Poisson de l'établissement.	133	20
Cidre.	40	60
OEufs et volailles.	266	42
Gibier.	511	35
Fruits	1,239	66
Somme égale.	9,507	92

Telle est l'importance des rapports commerciaux de la ferme à l'école; mais veut-on maintenant apprécier les avantages réels de ces rapports pour la ferme? Il suffit de demander à quel prix l'école achète les produits de l'exploitation. Nous vous avons déjà indiqué plus haut une vente de deux cent quatre moutons à 1 fr. 05 c.; c'est l'occasion d'y revenir ici. Il est de notoriété publique que les moutons tués pour l'école n'avaient de bêtes d'engrais que le nom, et la preuve même en est dans les entrées de denrées en magasin; nous avons vainement cherché le suif de ces animaux. Savez-vous bien, messieurs, à quels prix se vendaient , en moyenne , des bêtes de cette nature sur les marchés de Sceaux et de Poissy? 45 à 50 cent. au plus le kilogramme , avec les issues comprises; or, comme ces issues forment le quart au moins de la valeur de ces animaux, la viande nette n'est réellement payée, par le boucher, que 40 cent. au plus le kilogramme. On peut apprécier dès lors le bénéfice fait par la ferme, dans la vente à l'école, du rebut de son troupeau.

Même observation pour le prix de la vente des pommes, des noix, du cidre et du lait, etc., ainsi que pour le fromage façon gruyère, qui se vend à Paris, hors barrière, 1 fr. le kil. et que la ferme cote à l'école 1 fr. 40 c. Nous ne serons pas taxé d'exagération lorsque nous affirmons que, sur ces 9,507 fr. d'objets vendus à l'école, le bénéfice pour la ferme est de plus de 3,500 fr.

Nous ne voulons pas demander si les employés ne vivent pas souvent de la desserte de l'école; si les frais de service, le mobilier de cuisine, etc., sont bien équitablement répartis entre l'école et la ferme; nous nous contenterons des déductions que nous avons tirées du compte même de l'école, et qui établissent évidemment que la ferme tire annuellement de l'école un bénéfice qu'on ne saurait évaluer à moins de 10,000 fr.

Si nous vous parlions du blanchissage, nous vous dirions aussi qu'il s'élève à 100 pour 100 de plus qu'à Saint-Cyr, ce qui fait encore une différence de 3,000 fr. au moins.

Mais il ne nous suffit pas, messieurs, de vous parler de l'école sous ces rapports financiers; il est un autre point de vue sous lequel nous devons surtout l'examiner.

L'école n'est pas pour vous, messieurs, une spéculation, c'est la réalisation d'une grande pensée d'utilité et de progrès ; ce que vous voulez, avant tout, c'est un établissement où, à côté d'une instruction solide et réelle, une direction habile et sage, en maintenant les élèves dans la ligne de l'ordre et du devoir, donne un gage de sécurité aux familles dont les enfants vous sont confiés.

Les vues du conseil sont-elles remplies? Nous ne parlerons pas de l'instruction, et cependant, messieurs, peut-être pourrions-nous demander si cette instruction est à la hauteur même de l'institution. Nous ne demanderons pas si deux professeurs d'un mérite incontesté, et que des intrigues ont jetés en dehors de Grignon, quoique tous deux eussent été choisis par vous, nous ne demanderons pas, disons nous, si ces deux professeurs sont remplacés, quoique leur chaire soit occupée. Nous n'exprimerons pas le regret de ne pas voir, au nombre des professeurs d'agriculture, des hommes qui aient fait réellement de l'agriculture pratique dans les conditions ordinaires du métier et qui puissent apporter le fruit d l'expérience, au lieu de théories apprises à Grignon même; mais ce dont nous avons droit de rechercher la cause, ce sont ces désordres incessants dont Grignon est le théâtre, désordres qui ont jeté la déconsidération sur l'institut, par suite desquels la désorganisation de l'école est aujourd'hui un fait malheureusement consommé.

Pour nous tous, membres du conseil, messieurs, les phases par lesquelles s'est péniblement traînée cette fâcheuse histoire du licenciement sont encore présentes à vos esprits; mais ce qui ne s'est peut-être pas suffisamment gravé dans votre mémoire, ce sont les démarches malheureuses auxquelles les actes inconsidérés, puis les réticences calculées de la direction de Grignon ont donné lieu. Rappelez-vous, messieurs, que, lorsque l'école était déjà licenciée, on est venu vous dire qu'on n'avait pas licencié, mais menacé seulement du licenciement; puis on vous a avoué qu'on avait licencié la première division; enfin on a fait l'aveu tout entier; on avait licencié la première et la seconde; combien d'autres réticences encore, pour ne pas dire plus, dans ces incompréhensibles aveux?

Qu'est-il advenu de tout cela? c'est que, dans l'ignorance de la réalité des faits, vous avez pris des arrêtés que l'on a même falsifiés; la direction avait trompé pour les obtenir, elle a trompé dans leur exécution. Vous aviez reconnu l'irrégularité du licenciement, la direction vous a fait dire le contraire; vous aviez blâmé, elle s'est donné un bill d'approbation; elle a voulu que le public, que les élèves eux-mêmes le lui donnassent à leur tour; elle a imposé à ceux-ci des conditions que vous n'aviez pas posées, que votre sage prévoyance avait évitées.

Elle a mis sa rigueur d'amour-propre à la place de votre indulgence conservatrice; elle a compromis la dignité même du pouvoir dirigeant en appelant une intervention de police que vous avez désapprouvée; elle a détruit, pour l'avenir, tout le nerf de la discipline, en redemandant obséquieusement aux parents le retour des élèves qu'elle avait elle-même renvoyés; n'en doutez pas, messieurs, ces fausses et imprudentes mesures ont donné, au coup porté à l'école de Grignon par une démarche inconsidérée et illégale, le retentissement le plus fâcheux; l'administration supérieure elle-même s'en est émue, et vous devez craindre que la bienveillance du pouvoir ne s'en soit singulièrement amoindrie.

Je me lasse d'accuser, messieurs; cependant la conduite de la direction ne donne-t-elle pas trop de poids à ces bruits fâcheux dont déjà, depuis plusieurs années, quelques journaux se sont faits l'écho? Depuis longtemps on a prétendu qu'un germe de dissension et de désorganisation couvait au sein de Grignon, et qu'il fallait en rechercher l'origine dans un sentiment trop exclusif de personnalité de la direction ; elle a voulu, dit-on, que l'institut fût en quelque sorte personnifié en elle ; qu'il devînt son bien, sa chose, son apanage héréditaire ; elle a tout concentré ce qu'elle a pu de traitements et de fonctions dans ses mains ou dans celles des siens et de sa famille ; elle a éloigné tout ce qui lui faisait ombrage, repoussé tout ce qui occupait une position qu'elle pouvait envier, et tout cela, messieurs, malgré vous, contre vos volontés hautement manifestées ; car, lorsque la direction n'a pas été assez puissante pour vous dominer par elle-même, elle a pris son point d'appui dans les hautes régions du pouvoir ; vous aviez refusé un jeune homme comme professeur d'économie rurale, une presque nomination ministérielle vous l'a imposé.

Messieurs, nous sommes arrivé à la fin de la pénible tâche que nous nous étions imposée.

Nous avons montré le mal, nous en avons sondé la source ; maintenant il s'agirait d'en rechercher le remède. Ici, messieurs, dispensez-nous de conclure ; les mesures qui sont à prendre sont graves ; si ce n'est une organisation complète, c'est du moins une modification profonde dans la marche de la direction qui est impérieusement appelée par les circonstances; modification au système d'administration, dont un personnel exubérant doit être élagué.

Modification dans la direction dont la marche doit être tracée d'avance par un budget rigoureux.

Modification surtout dans la comptabilité, qui, pour cesser d'être d'une élasticité dangereuse , doit rentrer tout entière dans vos attributions; et modifications radicales dans les assolements, dans les spéculations de bestiaux et dans toutes les conditions de travail.

Toutes ces réformes, messieurs, je ne fais que vous les indiquer; c'est au sein de vos délibérations que le plan doit s'en développer; c'est votre sagesse qui doit les apprécier. Mais, je le répète, ces réformes sont urgentes, elles sont indispensables , le salut de l'établissement en dépend, l'honneur, la responsabilité morale du conseil y sont profondément engagés.

Paris , le 31 mai 1843.

CAFFIN D'ORSIGNY.

QUATRIÈME PARTIE.

Par-devant M⁰ Jules Fourchy et son collègue, notaires à Paris, soussignés,

Fut présente

Madame Marie-Jeanne-Madeleine Lapeyrière, duchesse d'Istrie, veuve de Son Excellence monseigneur le maréchal Jean-Baptiste Bessières, duc d'Istrie, demeurant à Paris, en son hôtel, rue de Bourbon, n⁰ 59,

Stipulant tant en son nom personnel que comme tutrice légale de Napoléon Bessières, duc d'Istrie, pair de France, son fils mineur, issu de son mariage avec feu monseigneur le duc d'Istrie,

Laquelle a, par ces présentes, fait bail et donné à ferme à madame Marie-Madeleine-Michel Yvert, veuve de Martin Vavasseur, demeurant à Grignon, commune de Thiverval, canton de Poissy, département de Seine-et-Oise, à ce présente et ce acceptant,

Les biens dont la désignation suit, pour le temps ci-après stipulé, savoir :

Premièrement : pour neuf années entières et consécutives qui commenceront par la levée des jachères de 1822 pour faire la récolte de 1823 ; la ferme de Grignon, telle qu'en jouit actuellement ladite dame Vavasseur, située au village de Grignon, commune de Thiverval, canton de Poissy, département de Seine-et-Oise, composée 1° d'un corps de ferme, etc. ;

Et en 166 hectares 31 ares 31 centiares (394 arpents environ, à raison de 20 pieds pour perche et 100 perches pour arpent) de terres labourables en 14 pièces situées au terroir de Thiverval, ci-après désignées, etc.

Deuxièmement : pour huit années entières et consécutives qui commenceront par la levée des jachères de 1823, une partie des bâtiments et des terres de la ferme du Grand-Parc, exploitée en ce moment par le sieur Parmentier, laquelle portion consiste, savoir :

1° En deux granges, écuries, vacherie, hangar servant de bergerie, deux pièces au-dessous du logement du jardinier et trois chambres au-dessus du logement dudit jardinier, et poulailler ;

2° En 82 hectares 30 ares 62 centiares (195 arpents environ) de terres labourables, prairies naturelles et artificielles situées dans l'intérieur du parc, en dix pièces, dont la désignation suit, etc.

Le présent bail est fait moyennant 1° 9,780 fr. pour la première des neuf années de location de la ferme de Grignon, payables en trois termes égaux de chacun 3,240 fr. à Noël 1823, à Pâques et à la Saint-Jean-Baptiste 1824, et moyennant la somme de 14,400 fr. de fermage annuel pour chacune des huit dernières années du présent bail, payable également en trois payements égaux de chacun 4,800 fr., les jours de Noël, de Pâques et de la Saint-Jean, et dont le premier aura lieu le jour de Noël 1824, le deuxième le jour de Pâques 1825, et le troisième le jour de la Saint-Jean-Baptiste de la même année, pour continuer ainsi, tant que le bail aura cours, lesquels payements madame Vavasseur s'oblige de faire à madame la maréchale duchesse d'Istrie, en son hôtel à Paris, ou pour elle à son fondé de pouvoir, en espèces d'or ou d'argent ayant cours et non en papier, billets ni effets quelconques, nonobstant toutes lois et ordonnances contraires, au bénéfice desquelles madame Vavasseur renonce expressément, consentant dès à présent qu'en cas d'émission de papier-monnaie ou billets et par le fait d'un seul payement offert en valeurs autres que celles qui viennent d'être stipulées, madame la duchesse d'Istrie ait le droit d'exiger, en remplacement du prix de ferme ci-dessus stipulé, la quantité de 936 hectolitres (ou 600 setiers, mesure de Paris) de blé froment de première qualité, bon, sec, net, loyer et marchand, pour chacune des huit dernières années du bail, s'obligeant, madame Vavasseur, de les fournir et livrer, le cas échéant, dans les greniers de madame la duchesse d'Istrie, à Grignon ou à Paris, au choix de cette dernière, en deux livraisons seulement qui seront effectuées à Noël et à Pâques de chaque année.

2° 400 bottes de paille du poids de 12 livres et 36 hectolitres (ou 12 setiers) d'avoine bien criblée que madame Vavasseur s'oblige également de livrer, par tiers et aux mêmes époques que le fermage en argent ci-devant stipulé, à madame la duchesse d'Istrie, en son château de Grignon ou en sa demeure à Paris, au choix de cette dernière, enfin, dans le cas où elle le préférerait, sur le marché de Neauphle ou de Saint-Germain en Laye, et pour chaque année du présent bail.

3° 1 hectolitre et demi (1 setier) de noix livrable à Paris, en la demeure de madame la duchesse d'Istrie, des noix fraîches pendant toute la saison pour la consommation de la maison de madame la maréchale, pendant son séjour à Grignon seulement, et 50 paires de pigeons, le tout par chaque année, au choix de madame la duchesse d'Istrie, et aux époques qui seront fixées par elle.

Madame Vavasseur sera tenue, de plus, de

fournir et livrer, par chaque année, à madame la duchesse d'Istrie, en sa demeure, à sa réquisition et si bon lui semble, 18 hectolitres (12 setiers) de blé-froment première qualité, bien sec, net et criblé, qui lui seront payés par madame la duchesse d'Istrie, à raison de 18 fr. l'hectolitre, quelle qu'en soit la valeur aux marchés de Neauphle et ailleurs.

Ce bail est fait, en outre, aux charges, clauses et conditions ci-après, que madame Vavasseur s'oblige d'accomplir sans pouvoir prétendre à aucune diminution du fermage ci-dessus stipulé, savoir :

1° De payer, pendant la durée du bail, à la décharge de madame la duchesse d'Istrie, sans répétition contre elle ni aucune diminution de fermage, les impositions foncières et mobilières, celles des portes et fenêtres ainsi que les taxes, centimes additionnels et autres impôts, de telle nature que ce soit, dont les biens, présentement loués, sont ou pourront être imposés par la suite(1), de manière qu'il ne puisse être exercé, à

---

(1) Extrait du relevé cadastral

{ sur Thiverval, 364 h. 84 a. 55 c. imposant. 3,470 47
{ sur Davron, 3 h. 27 a. 45 c. imposant. 75 87

        3,546 34

cet égard, aucun recours contre madame la duchesse d'Istrie, pendant tout le temps de la jouissance de madame Vavasseur, qui s'oblige de justifier, chaque année, à madame la duchesse, du payement de ces impositions par la remise des quittances, étant convenu, toutefois, que, quant aux contributions de tous les objets présentement affermés pour huit ans, elles sont fixées invariablement à la somme de 900 fr., qui demeure à la charge de madame Vavasseur, par chacune des huit dernières années du présent bail.

2° D'habiter en personne la ferme, de la garnir de meubles, effets, ustensiles aratoires et bestiaux, tels que chevaux, vaches et moutons, le tout à elle appartenant, en quantité suffisante pour répondre en tout temps des fermages.

3° D'entretenir les bâtiments de la ferme et dépendances de toutes réparations locatives pour les rendre en bon état à la fin de sa jouissance.

	Report. . 3,546 34	
Centimes additionnels. . . . 1,176 56		
Charges communales.. . . . 200 »	1,526 56	
Portes et fenêtres.. . . . . 15o »		
	Total. . . . 5,072 90	

Sur cette somme madame Vavasseur paya 2,900 fr. et madame la maréchale 2,172 fr. 90 c.

4° De labourer, cultiver, fumer et ensemencer des terres par soles et saisons convenables sans pouvoir les dessoler ni dessaisonner, et de les laisser, à la fin du bail, en bonne culture et le tiers en jachère, d'étaupiner les prés et de les tenir toujours nets et à faux passant partout.

5° De conserver les arbres fruitiers étant sur les terres ou le long des pièces, desquels madame Vavasseur recueillera les fruits par chacune desdites années; les écheniller; et, faute par ladite dame Vavasseur d'exécuter cet engagement, madame la duchesse d'Istrie aura le droit de faire faire tout ce que dessus aux dépens de ladite dame. Dans le cas où lesdits arbres viendraient à mourir pendant le cours de ce bail ou à être arrachés par les vents, il est convenu qu'ils appartiendront à madame Vavasseur, à la charge, par elle, de les remplacer par d'autres de même espèce et de bonne qualité.

Madame Vavasseur aura la faculté d'émonder les arbres qui ont coutume de l'être, étant dans les prés ou le long des prés dépendants de la ferme de Grignon, ainsi que les saules et peupliers qui bordent les pièces de terre du parc désignées aux articles 8 et 9 seulement, la première de 16 arpents et l'autre de 25 arpents, plus la jeune plantation d'ormes du petit côté de l'allée en ormes qui conduit de la porte de Chantepie au-dessous de la laverie ; tous lesdits élagages n'auront lieu que deux fois dans le courant du bail, la première, en 1827, et la deuxième, la dernière année de jouissance, et seront faits sous la surveillance de l'agent de madame la duchesse, sous l'obligation que contracte madame veuve Vavasseur de labourer deux fois par an tous lesdits arbres, mais les corps de ces arbres appartiendront à madame la duchesse d'Istrie, qui aura la faculté de les faire abattre, si bon lui semble, sans être tenue à aucune indemnité.

A l'égard des peupliers qui sont susceptibles d'être émondés, madame Vavasseur sera tenue de leur laisser des têtes suffisantes et de remplacer ceux desdits peupliers ou saules qui, pendant le cours de ce bail, viendraient à mourir ou à être arrachés par les vents et dont les corps lui appartiendront dans ce cas seulement, et d'entretenir le tout suivant l'usage.

6° De convertir en fumiers toutes les pailles et feurres provenant des terres, sans pouvoir, pendant le cours du présent bail, en vendre ni enlever, et de laisser à la fin dudit bail tous les fumiers et pailles provenant de la récolte des terres.

7° De ne pouvoir, la dernière année de ce bail, scier ni faire scier les blés plus haut que 6 ou 7 pouces (16 ou 19 centimètres), suivant l'usage.

(53)

8° De ne pouvoir, en aucun temps ni sous aucun prétexte que ce soit, marner lesdites terres.

9° De fournir, ainsi que madame Vavasseur s'y oblige, pendant le cours du présent bail et à la réquisition de madame la duchesse d'Istrie, toutes les voitures nécessaires pour les charrois des matériaux qui pourraient être nécessaires pour les réparations des bâtiments loués, ainsi que les voitures nécessaires pour conduire à Versailles 1,800 de foin chaque année; plus de faire, chaque année, pour madame la duchesse, quatre journées de voiture attelée de quatre chevaux pour venir à Paris ou en tels endroits qui lui seront indiqués dans un rayon de 4 myriamètres (8 lieues) de Grignon; toutefois ces quatre journées de voiture ne pourront pas se cumuler d'une année sur l'autre, de manière que celles non exigées après l'année dans laquelle elles devront être fournies seront censées remises par madame la duchesse.

Dans le cas où madame la duchesse serait dans l'intention d'avoir deux vaches à Grignon, madame Vavasseur s'oblige d'en faire prendre soin par les domestiques de sa ferme et de les faire paître; madame la duchesse sera tenue de fournir la nourriture.

10° De charrier du parc au château tous les

bois et fagots nécessaires pour le chauffage de madame la duchesse.

11° De transporter également, chaque année, les glaces pour remplir la glacière.

12°. De faire porter le linge au lavoir lors des lessives et de le faire ensuite rapporter au château, sans que ce service puisse être exigé plus d'un jour par mois.

13° De fournir, chaque année, trois journées de tombereau attelé de trois chevaux pour les charrois des pierres et cailloux pour l'entretien du chemin de Grignon à la grande route.

14° De fournir à madame la duchesse trois voitures de bon fumier pour l'engrais du potager et du verger, et de faire transporter ces voitures aux époques qui seront indiquées par madame la duchesse, le tout sans diminution du prix et des autres charges du bail.

15° De ne pouvoir, sous aucun prétexte, faire pâturer les bestiaux, de quelque nature qu'ils puissent être, dans les bois ou dans les allées du parc.

16° De labourer ou ensemencer, chaque année, pour le compte de madame la duchesse, dans les endroits qui seront indiqués par elle ou son agent, sur des terres dépendantes de la terre de Grignon, autres, toutefois, que celles comprises au présent bail (2 arpents) (84 ares 42 centiares) de sarrasin, dont la récolte sera faite au profit de madame la duchesse et par ses soins ; la semence sera fournie par madame la duchesse.

Toutes les charges annuelles ci-dessus stipulées articles 10, 11, 12, 13, 14 et 16 ne pourront se cumuler d'une année sur l'autre, et celles qui n'auraient point été exigées dans l'année où elles devront être fournies seront censées remises.

17° De ne pouvoir céder ni transporter son droit au présent bail, en tout ou partie, sans le consentement exprès et par écrit de madame la duchesse ou de son mandataire.

18° Madame la duchesse d'Istrie déclare se réserver expressément et exclusivement à tous autres le droit de chasse sur tous les biens présentement affermés.

19° Il est expressément convenu que, dans le cas de vente des biens affermés, l'acquéreur aura la faculté de reprendre, si bon lui semble, les bâtiments et les 195 arpents de terre et pré ci-dessus loués pour huit ans, à la charge, par ledit acquéreur, de prévenir par écrit madame Vavasseur avant le 1er octobre 1822 ; passé cette époque, l'acquéreur aura le même droit ; mais alors il sera tenu de prévenir madame Vavasseur, suivant l'usage des lieux, de manière qu'elle ait trois récoltes à faire à partir de l'avertissement.

L'acquéreur aura ce droit de la manière ci-dessus dite, sans être tenu à aucune espèce d'indemnité envers la fermière, mais le prix principal du fermage sera diminué de 4,680 fr. par chaque année de non-jouissance desdits bâtiments et desdits 195 arpents, ce qui les réduira à 9,780 fr.; madame Vavasseur sera, en outre, dans ledit cas, déchargée du payement des 900 fr. d'impôts mis à sa charge pour lesdits biens, comme aussi la redevance susénoncée de 400 bottes de paille sera réduite à 300 bottes, celle de 12 setiers d'avoine sera réduite à la quantité de 8 setiers; la fourniture d'un setier de noix, de noix fraîches et de 50 paires de pigeons cessera d'avoir lieu en entier; l'obligation contractée (n° 9 des charges) de conduire à Versailles 1,800 de foin, celles de charrier les bois et fagots de chauffage, de transporter les glaces dans la glacière, de porter le linge au lavoir, de fournir trois voitures de fumier, de labourer et ensemencer deux arpents de sarrasin (lesdites charges énoncées ci-dessus, articles 9, 10, 11, 12, 14 et 16, seront supprimées), le tout pendant lesdites années de non-jouissance.

20° Il est expressément convenu que le défaut de payement, par madame Vavasseur, de deux termes échus entraînera la résiliation des présentes, qui seront, en ce cas, considérées comme nulles et non avenues, si bon semble à madame la duchesse, et de de plein droit, sans qu'il soit besoin d'acte de procédure.

21° Pour sûreté des payements de la manière ci-dessus convenue et de l'exécution de toutes les charges et conditions du présent bail, madame Vavasseur a présentement payé à madame la duchesse d'Istrie, qui le reconnaît, la somme de 14,400 fr. par anticipation sur le prix dudit bail, et imputable sur la dernière année de jouissance, dont quittance.

Dans le cas où l'éviction partielle prévue par l'article 19 ci-dessus aurait lieu, madame Vavasseur aura droit à la répétition de la somme de 4,680 fr., applicables dans la somme présentement payée aux objets énoncés en l'article 19.

22° Madame Vavasseur renonce expressément à pouvoir demander des remises sur le fermage et les charges ci-dessus stipulés dans le cas où une partie ou même la totalité d'une récolte lui serait enlevée par des cas fortuits, tels que gelée, grêle, feu du ciel et autres.

De son côté, madame la duchesse d'Istrie s'oblige à tenir les lieux clos et couverts suivant l'usage.

Pour faciliter la perception des droits d'enregistrement, les parties évaluent à 15 fr. les 100 bottes de paille, à 10 fr. le setier d'avoine, à 10 fr. chaque journée de voiture, le tout par chaque

année de bail; à 75 fr. par chaque année les faisances en noix et pigeons et les autres charges
énoncées aux articles 9, 10, 11, 12, 14 et 16 ci-
dessus, sans que, dans aucun cas, cette évaluation
puisse autoriser madame Vavasseur à se dispen-
ser de faire lesdites livraisons en nature et exécuter les autres charges aux époques et de la manière ci-devant fixées.

Et, pour l'exécution des présentes, les parties
font élection de domicile en leurs demeures res-
pectives.

Dont acte fait et passé à Paris, à l'égard de madame veuve Vavasseur, en l'étude, et, à l'égard
de madame la duchesse d'Istrie, en son hôtel.

L'an 1821, le 26 mai, et les parties ont signé
avec les notaires, lecture faite, la minute des présentes, demeurée à Mᵉ Fourchy.

En marge est écrit : enregistré à Paris, etc.

EXTRAIT

DU JOURNAL D'AGRICULTURE PRATIQUE.

(Juin 1838.)

La création de la ferme modèle de Roville est destinée à faire époque dans les annales de l'agriculture française. Ce fut une grande nouvelle pour la science que l'apparition d'une exploitation rurale où la théorie pure allait entrer dans la lice avec le *métier*, abordant de front, avec la seule puissance des déductions scientifiques et de l'analyse rationnelle, les difficultés d'un art réservé jusqu'alors à l'expérience traditionnelle des siècles.

Non pas que la science n'eût déjà tenté, même sur notre sol, l'application de ses systèmes; l'histoire agronomique nous a transmis quelques essais malheureux, fruits avortés de ces théories empiriques que crée l'imagination, devançant, impatiente, les lenteurs de l'observation et du raisonnement; mais ce qui caractérisait surtout le fait agricole de la création de Roville, ce qui devait lui donner un grand retentissement, c'était l'époque de son apparition, le mode de sa création et les talents littéraires au moins autant qu'agricoles de l'homme auquel ses destinées étaient confiées.

Je développe ma pensée : que Duhamel répétât dans sa terre les expériences de Tull, que des gentilshommes campagnards fissent dans leurs réserves quelques essais plus ou moins judicieux, le vrai producteur rural, le paysan était à peu près désintéressé dans ces rares expérimentations, qui restaient renfermées dans le cercle restreint de quelques hauts propriétaires ou d'un petit nombre de savants; et, lors même que la propriété et l'industrie en eussent dû recevoir quelques reflets, qu'importait encore l'industrie au cultivateur d'alors ? la propriété existait-elle pour lui ? A l'époque, au contraire, où se fonda l'institut de Roville, résumant en lui toutes les idées agricoles nouvelles, une révolution avait passé sur les hommes et sur le sol; la classe des producteurs agricoles avait été réhabilitée; elle s'était constituée en une industrie libre, intelligente et forte. Les fondateurs de Roville comprirent cette position nouvelle; ils sentirent que la mission de la science avait grandi de toute la hauteur à laquelle était arrivée l'industrie agricole: la science pouvait se rapprocher du métier, car le métier était en état de la comprendre; elle pouvait l'appeler au progrès, car il avait en lui des ressources pour le réaliser. Ainsi s'opéra le contact de la science et du métier; mais, pour que ce contact fût plus immédiat, il fallait que la science revêtit les formes mêmes de l'industrie pratique, qu'elle sortit du laboratoire, qu'elle sortît même du champ du propriétaire, qu'elle habitât la ferme, la métairie. Ainsi fut fait à Roville; un capital se forma, une ferme fut prise à bail, une exploitation fut montée, et tout cela dans les conditions ordinaires. Il devait en être ainsi; la science entrait, comme je l'ai dit, dans la lice avec le métier, la loyauté voulait que les armes fussent égales. La lutte s'engagea donc, lutte toute pacifique dont le champ clos était un petit domaine au pied des Vosges, les armes un soc d'araire, les juges du camp une comptabilité minutieuse et sévère, publiant chaque année ses arrêts par la voie des *Annales*.

Il y avait là quelque chose de nouveau et d'insolite en France, qui devait fixer l'attention du public agricole, qui devait intéresser comme les chances d'un combat. Mais cet intérêt s'accrut encore quand le créateur de Roville eut livré à ce public l'exposition de ses plans, ce programme où la conviction si vraie quoique si mobile de l'auteur s'était épanchée dans une diction pleine de séduction et d'entraînement. C'était la jeu-

nesse surtout que devait impressionner la nouvelle œuvre de la science. Ce dédain jeté à
pleines mains à des méthodes vieillies, cette large
voie de production et de fortune qui devait s'ouvrir, dans un temps rapproché, sur tous les points
du sol, devant la culture rationnelle ; toutes ces
idées de progrès, toutes ces espérances devaient
éveiller l'imagination ardente d'une jeunesse toujours crédule dans les promesses de l'avenir parce
qu'elle ne connaît pas encore les déceptions du
passé : Roville eut donc bientôt des élèves. Quant
à la doctrine de l'école, c'était l'ensemble des
idées progressives qui depuis trente ans avaient
cours dans le monde agricole. La mécanique
conquise à l'agriculture par les instruments perfectionnés, tels que l'araire, l'extirpateur, la
houe à cheval, les semoirs, et, dans un autre
ordre de travaux, la machine à battre ; les labours profonds et la culture en ligne, liés à la
production des plantes sarclées ; les racines et les
plantes commerciales associées aux céréales et
aux prairies artificielles, pour fonder un alternat
régulier ; puis, enfin, l'industrie s'associant sur
la ferme à l'agriculture pour exploiter les produits bruts du sol, en faisant de ces produits
deux parts, l'une destinée à la vente avec un
accroissement de valeur, l'autre retournant au
sol, convertie en principes fertilisants par les

bestiaux dont la ferme allait s'enrichir encore ; enfin, une comptabilité régulière veillant comme une sentinelle avancée à toutes les opérations de l'exploitation, tels étaient les points culminants du système que la science venait d'édifier, système destiné à réunir en un faisceau les résultats des travaux agronomiques de la Flandre, de l'Angleterre et de l'Allemagne.

Mais les imitateurs ne manquent jamais à l'homme d'exécution ou de génie. L'éclat jeté par Roville à son début éveilla la pensée imitative. La science, d'ailleurs, venait de commettre un crime de lèse-centralisation, en allant planter son drapeau dans un coin de la France. L'agriculture parisienne s'en émut ; une nouvelle ferme modèle fut projetée. Cette ferme devait être celle de Grignon. Grignon, établissement assez obscur à ses débuts et dont le nom n'a longtemps rappelé à la science d'autre souvenir que celui des coquilles fossiles de sa falunière, s'est depuis peu mis en évidence et par son titre *royal* et par l'espèce de centralisation que le ministère veut y rattacher. Sous cette double influence, il paraît destiné à jouer un rôle important dans l'instruction agricole, et, à ce titre, il mérite que nous jetions un regard sur ses antécédents.

La pensée d'imitation, à laquelle Grignon dut

sa fondation, était une pensée généreuse, conçue par deux hommes à l'imagination ardente et progressive, qui, quoique éloignés par leur position de la carrière agricole, avaient par goût et par circonstance touché à quelques branches de l'économie rurale. L'un était Ternaux, importateur plus zélé qu'heureux des chèvres du Thibet, créateur de la *polenta*, des *silos de Saint-Ouen*, etc.; l'autre, l'un de nos ingénieurs les plus distingués aujourd'hui, était connu des agronomes par des essais d'architecture rurale, et par l'attention qu'il avait donnée à la race bovine de Schwitz. Cette pensée, déposée au sein de la Société d'agriculture de Versailles qui touchait de près à quelques puissances aristocratiques du jour, devait, par leur concours, devenir promptement féconde. Une société anonyme fut créée, un ministre prit part à l'entreprise, et Charles X lui-même voulut bien s'y intéresser. Dès lors, l'affaire agricole devint presque une affaire de cour; il fut d'un bon courtisan de se faire inscrire au rang des actionnaires, et bientôt un capital de 300,000 fr. fut réuni, et un vaste domaine, acheté un million aux frais de la liste civile, fut concédé à bail pour 40 ans à la nouvelle société, à la charge de représenter, à la fin de ce laps de temps, 300,000 fr. d'améliorations foncières.

Ici disparaît, il faut le dire, la pensée d'imitation ; ce n'est plus là cette base commune d'une exploitation ordinaire, dont l'adoption fait le principal caractère de Roville ; et, si le nom de ferme modèle est encore inscrit sur la porte de Grignon, il doit bientôt s'effacer sous le titre plus vrai d'*institution royale agronomique*. Ce n'est plus, en effet, qu'un établissement royal avec tout son grandiose, son faste et sa dépense ; c'est un établissement qui rentre dans la classe des bergeries royales, des haras royaux, etc. Dès lors s'évanouit pour lui ce premier caractère qui donne à Roville un si haut intérêt ; ce n'est plus la science luttant avec le métier à armes égales, elle est trop riche et lui trop pauvre ; il ne peut y avoir entre eux ni rapprochement ni parallèle.

C'est là, n'en doutons pas, le secret de cette indifférence que le véritable cultivateur a toujours montrée pour Grignon et de l'obscurité où cet établissement est resté si longtemps : ajoutons que cette influence intellectuelle et morale, cette pensée scientifique appliquée au dedans, reproduite au dehors par la presse, lui a fait défaut ; il lui a manqué un homme de génie et de science. C'est qu'à la vérité on peut avec de l'or, avec la faveur des princes, fonder une société agronomique, trouver à peu de frais un grand domaine ; mais ce que ne donnent ni l'or ni la faveur des princes, c'est la science et le génie. Aussi ce fut là l'écueil auquel devait venir se heurter l'établissement nouveau.

On en offrit d'abord la direction à M. Mathieu de Dombasle, qui refusa : on s'adressa alors en Allemagne ; non pas qu'après M. de Dombasle il n'y eût plus en France d'homme en état de bien diriger une ferme et d'y appliquer les idées progressives de l'agriculture rationnelle ; mais il fallait aux nouveaux sociétaires (qui en cela obéissaient à l'esprit français) quelque chose de neuf, d'étrange, un homme qui vînt de l'autre côté de la Manche, ou de par de là le Rhin : les premières démarches n'amenèrent aucun résultat, et force fut enfin de se rabattre à la frontière. L'ami d'un des fondateurs lui indiqua un de ses vieux camarades de guerre, qui, retiré dans un petit village de la Lorraine allemande, amusait les loisirs de sa retraite en bêchant son modeste enclos : brave militaire d'ailleurs, qui, dans une de ces promenades que Napoléon faisait faire alors à ses soldats à travers les capitales de l'Europe, avait campé près de Mœglin et conversé avec Thaër. C'était donc un quasi-élève de Thaër. Avec le passe-port de ce nom célèbre, le nouveau directeur fut accepté ; il lui fut seulement imposé un voyage en Allemagne pour achever son éducation agricole ou retremper ses souvenirs, et bientôt une chaise de poste partit vers la frontière de l'est , portant Grignon et sa fortune.

C'était un travers de cette époque, remarquons-le en passant, de croire que c'est à l'étranger que nous devons chercher les éléments du progrès de notre agriculture nationale ; on va admirer bien loin ce qui se pratique souvent à nos portes , puis on revient avec un bagage d'idées agronomiques aussi étrangères, aussi antipathiques à notre culture que les rapports économiques auxquels elles sont empruntées sont différents : on systématise ces idées ; on en crée un type, un modèle ; on le réalise dans une contrée dont il rompt toutes les harmonies agricoles......, puis on jette le nom de routine à la pratique qui observe , qui doute et qui attend... Nous pensons, nous, que le premier devoir de celui qui veut réformer l'agriculture de son pays est de la connaître, d'en étudier les procédés et les relations économiques ; d'apprécier toutes les influences si nombreuses et si variées sous l'empire desquelles l'erreur d'un pays est la vérité d'un autre ; nous pensons encore que ce devoir est d'autant plus rigoureux, que le novateur aspire à étendre plus loin le cercle de ses réformes, qu'il prétend à une centralisation dont le rayon est plus vaste......

Quoi qu'il en soit, après quelques mois, la

chaise de poste était remisée sous les hangars de
Grignon, et la nouvelle culture exemplaire pre-
nait possession du domaine.

Si le public avait espéré la réalisation de quelque système nouveau, son attente dut être
trompée : ce n'était que le calque de Roville sur
une plus grande échelle seulement ; c'était l'a-
raire de M. de Dombasle, son extirpateur, sa
houe à cheval, sa machine à battre, sa comptabilité en tableaux, etc. Si on ajoute à cela un
des assolements de Schwerz, importé d'Hohenheim, même avec sa sole de trèfle, si peu convenable au sol sec de Grignon, puis l'élève des
vaches de Schwitz et des moutons du Leicester,
autre emprunt fait à MM. Polonceau et Duver-
ger, on aura une idée complète de ce système.

Nous ne parlons pas des chèvres du Thibet et
des toits en bitume, essais malheureux dont le
compte est soldé depuis longtemps.

Le directeur de Grignon n'eut donc pas à faire
une grande dépense d'imagination et de génie
dans l'accomplissement de la tâche qui lui était
confiée ; il n'eut, en quelque sorte, qu'à continuer
près de Versailles les errements de Roville, à se
faire éditeur responsable des travaux et des idées
d'autrui. Certes, nous ne voulons pas en faire
un grief à M. Bella ; en adoptant ainsi le rôle
secondaire de copiste, il a cédé à une inspiration

bien sentie de modestie et de prudence. M. Bella appartient, par son éducation première, à cette époque fiévreuse où Napoléon arrachait la jeunesse aux bancs des colléges pour la jeter dans la mêlée des combats. Enrôlé à dix-huit ans et sorti des rangs de l'armée à cet âge où l'on n'apprend plus, il resta ainsi, par sa position, étranger à ces sciences sur lesquelles repose l'agronomie et à cet art d'expérimentation, à ce talent d'élocution que possède à un si haut degré le directeur de Roville. En France, où l'on juge trop les hommes sur leur position, où on exagère l'éloge et le blâme, j'ai entendu mettre M. Bella sur la même ligne que Thaër, Schwerz et M. de Dombasle : c'est là une lourde flatterie d'ami ou de subordonné, que, nous n'en doutons pas, celui qui en est l'objet a trop de tact pour ne pas repousser. D'autres personnes, qui ont approché de plus près le directeur de Grignon, lui reprochent d'être roide et absolu dans ses opinions, de pivoter sans cesse autour de deux ou trois idées étroites, vieillies depuis Arthur Young, de manquer enfin de cette largeur de vues, de cette flexibilité et de cette tolérance d'esprit que donnent une intelligence étendue, des études approfondies et raisonnées. Nous ignorons si ces reproches sont fondés ; mais nous leur trouverions, nous, une excuse dans

6**

cette absence en quelque sorte forcée d'éducation scientifique que nous avons signalée. Quant à ces sentiments de jalousie que lui inspireraient des talents plus élevés, et qui, dit-on, auraient jusqu'à ce jour écarté du programme de Grignon un cours méthodique d'agriculture, afin d'éloigner la contradiction ou le parallèle, qui, suivant quelques personnes, auraient provoqué l'exclusion du seul professeur qui s'occupât d'agriculture spéciale, nous ne voulons pas y croire; mais nous pensons qu'il serait de l'intérêt du directeur lui-même d'écarter ces soupçons en comblant cette lacune déplorable. Il est vraiment bizarre que dans une école d'agriculture, chimie, physique, botanique, mathématiques, droit, tout enfin ait un cours spécial professé par des hommes de mérite, excepté l'art agricole même. Un homme versé dans la science agricole aurait l'avantage de remplacer le directeur pendant les fréquentes absences que lui nécessitent les fonctions où l'a appelé la faveur du pouvoir. Ainsi soulagé, M. Bella trouverait, sans doute, le loisir d'enrichir les *Annales* de Grignon et de donner au public la suite d'un certain voyage agronomique promis depuis si longtemps.

Grignon ne possédait donc dans sa composition aucun des éléments auxquels Roville devait ce puissant intérêt qui avait accueilli sa création

Roville, fondé avec quelques mille francs sur un sol ingrat, n'ayant d'appui que les ressources ordinaires de l'industrie associées aux vues de la science, avait quelque chose d'aventureux qui excitait l'imagination; Grignon, au contraire, ne pouvait soulever un instant cette émotion que donne au spectateur une lutte chanceuse; derrière une exploitation si libéralement dotée, on voyait une société riche et puissante, puis, s'étendant encore au-dessus d'elle, la main protectrice du pouvoir prête à la soutenir au moindre échec. Dès le début, on put prévoir que tôt ou tard cette création semi-ministérielle irait, se retrempant dans sa source, se perdre dans la centralisation administrative. Le fait est accompli aujourd'hui : Grignon, comme ferme, tenancière à titre presque gratuit du domaine, et, comme école, recevant du ministère les neuf dixièmes de ses élèves et le salaire de ses professeurs, n'est plus, nous le répétons, qu'un établissement du gouvernement.

Ces dissemblances tranchées que nous venons de signaler entre Roville et Grignon expliquent déjà la diversité d'accueil fait aux Annales de ces deux établissements (car Grignon, à l'exemple de Roville, dut aussi publier ses Annales) : il y avait dans cet accueil toute la différence d'intérêt scientifique et industriel que leur apparition avait excitée. Mais la distance où se trouvaient placés dans l'opinion ces deux ouvrages tenait surtout à leurs auteurs. Les *Annales* de Roville en sont comme la pensée intime, car elles sont l'expression, la reproduction successive de tous les incidents de la lutte scientifique entreprise par cet établissement, expression d'autant plus vraie, plus attachante en la forme, qu'elle émane de l'homme même qui s'est posé comme l'âme de l'entreprise.

Dans les *Annales* de Grignon, au contraire, cette puissance d'unité, cet intérêt de drame personnel, en quelque sorte, disparaît, la pensée créatrice ou directrice de l'institut ne s'y reproduit pas. Celui qui devrait donner à cette œuvre la couleur de la vie s'efface et reste muet, et c'est par la voix d'un autre que doit se reproduire sa pensée : le plan qu'il a dressé, ses vues d'avenir, ses succès espérés ou revers imprévus, toute cette exposition qui n'a de mérite, de vérité même que lorsqu'elle émane de l'intelligence qui a tout médité et conçu ; tout cela manque aux *Annales* de Grignon. La première livraison ne s'élève pas beaucoup au-dessus du mérite d'un programme ou d'un livret. Dans les livraisons suivantes, rien de spécial à l'établissement même, pas une expérience, pas un de ces faits d'observation féconds en conséquences. On peut remarquer, à la vérité, un essai sur la phorométrie de M. de Woght et quelques autres articles intéressants dus à M. Briaune, annaliste de l'établissement, mais aucun de ces travaux ne se rattache à la culture de Grignon.

La dernière livraison (la sixième), que nous avons sous les yeux, signale cependant un progrès : dans un article sur l'école d'agriculture, M. Briaune a dessiné nettement la position de Grignon Ce n'est pas une ferme modèle, mais un institut agricole qu'on a voulu fonder; l'école était le but, la culture un moyen d'instruction. Soit; mais le public pouvait s'y tromper, puisque l'auteur avoue lui-même que dans les premières années l'instruction théorique avait été tellement sacrifiée à la culture, qu'en 1833 la ferme était devenue le principal et l'école l'accessoire.

Il nous sera permis, toutefois, de nous étonner de cette transformation tardive, et le public pourra croire que, si Grignon a cessé de se poser comme ferme modèle, c'est qu'il a reconnu que la tâche qu'il s'était imposée surpassait ses forces et qu'il ne lui était pas possible de se soutenir par la seule industrie qu'il prétend enseigner. Cette opinion paraît malheureusement confirmée par l'examen attentif du compte rendu de la situation de l'établissement, car là nous trouvons le point de départ et le résultat.

À l'époque où le domaine de Grignon fut livré à l'exploitation modèle, il se composait de 210 hectares environ de terre labourable de qualités diverses, mais constituant un tout de fertilité moyenne; de 14 hectares de prairies, et de bois dont nous ne pouvons préciser l'étendue, mais dont les coupes produisaient de 6 à 7,000 fr. Il existait, en outre, suivant les souvenirs de ceux qui ont vu le domaine à cette époque, des couverts magnifiques, de belles avenues d'arbres séculaires, abattus depuis, et dont la valeur, jointe aux trois coupes arriérées, dépassait 100,000 fr. Enfin un vaste étang donnait en produit de pêches 2,000 fr. par année moyenne.

Les bâtiments suffisaient aux besoins de l'exploitation.

À cette époque, le revenu du domaine pouvait se calculer ainsi, en adoptant le produit le plus minime :

                                              fr.

Loyer de la ferme extérieure. . . 14,000 »

Ferme intérieure, coupe de bois, chasse, pêche et prairies , etc. . . 10,000 »

                     Total. . . . 24,000 »

C'était sans doute un mince produit pour un domaine d'un million.

Le fonds d'exploitation, appliqué par la Société à 210 hectares, fut, comme nous l'avons dit, de 300,000 fr. ; quelques mille francs vinrent s'y joindre plus tard, nous les omettons. Si nous ajoutons à ces 300,000 fr. les 100,000 fr. de coupes arriérées et abatis extraordinaires, ce fonds primitif s'élève à 400,000 fr.

Supposons, pour un instant, qu'au lieu de se faire cultivateur modèle, la Société se fût bornée au simple rôle de rentière, sur l'État par exemple. Elle eût pu s'assurer, avec ses 400,000 fr., 20,000 fr. de revenu qui, réunis aux 24,000 fr. du domaine, lui donnaient par an 44,000 livres de rentes. Or, en capitalisant, chaque année, ce produit (ce qui n'aurait pas changé sa position, puisqu'elle ne touche pas de dividende), elle aurait, après neuf ans, eu en sa possession 883,000 fr. environ.

Déduisant de cette somme 7,500 fr. d'améliorations foncières par an, dus pour tout fermage, ou pour neuf ans 67,500 fr., il reste net 815,500 fr.

Prenons une autre hypothèse : supposons qu'au lieu d'essayer une culture modèle et perfectionnée, l'exploitation eût fait tout simplement de la culture ordinaire, comme on en fait, par exemple, aux environs de Versailles, elle se serait ainsi trouvée placée dans les circonstances industrielles des fermiers de cette contrée. On sait que l'industrie agricole rapporte net à son entrepreneur 8 pour 100 du capital employé : admettons que, en raison de la disposition du capital de Grignon, l'industrie agricole n'ait pu lui faire produire que 7 pour 100, ce serait, en sus de l'intérêt ordinaire, 8,000 fr. par an, *dont la Société aurait profité* ; pour neuf ans, et sans capitaliser les intérêts, c'est donc 72,000 fr. à ajouter aux 815,500 fr., et, par conséquent, nous arrivons à un total de 887,500 fr.

Or il est à présumer que, si la Société de Grignon, simple rentière ou simplement fermière, cultivant comme les routiniers ses voisins, eût obtenu cet important bénéfice, la culture perfectionnée et modèle par elle suivie depuis neuf ans a dû lui ouvrir une source de fortune bien autrement féconde.

Il n'en est malheureusement pas ainsi. D'après le compte rendu des *Annales*, l'actif représentant le capital primitif s'élèverait aujourd'hui à 328,000 fr. environ, ce qui, dès l'abord, et sans compter les intérêts, présenterait un déficit de 68,000 fr. ; mais les gens difficiles remarquent encore que dans ces 328,000 fr., figurent 158,000 fr. d'améliorations foncières qui n'ont pas encore été reçus comme tels par la liste civile, puis des chiffres vrais sans doute, mais que le lecteur n'est pas à même de discuter, tels, par exemple, que 87,500 fr. de marchandises, 70,000 fr. d'avances sur les cultures, etc. Quoi qu'il en soit, nous, qui ne sommes pas difficile, nous acceptons ces chiffres, et nous résumons notre raisonnement : il reste à Grignon, de son capital, 328,000 fr. En se bornant à la culture la plus ordinaire, Grignon posséderait aujourd'hui 887,500 fr.; en s'abstenant de toute culture, il pourrait posséder encore 815,000 fr. Ainsi il a donc perdu ou manqué à gagner, ce qui, dans sa position, revient au même; dans la première hypothèse 559,500 fr., et 487,500 fr. dans la seconde.

Si on en croit des personnes que leur position a mises à même de suivre la marche de l'exploitation, l'insuccès de Grignon, comme ferme, serait dû à quatre causes principales :

    1° Dépenses de constructions inutiles;

    2° Assolement vicieux;

    3° Spéculations mal conçues;

    4° Exploitation trop luxueuse.

Parmi ces constructions surabondantes, la bergerie si vantée se place au premier rang. 50,000 fr., peut-être, ont été absorbés par ce bâtiment qui n'a de modèle que le nom, tandis que dans la ferme même existaient des bergeries suffisantes pour 500 moutons. Ces bergeries, disait-on, n'étaient pas salubres ; nous ne savons pas, cependant, que les dispositions sanitaires de la nouvelle aient prévenu les 34,000 fr. de pertes qui grèvent le compte des bêtes à laine : nous en dirons autant de la féculerie, seule usine rurale construite à Grignon, et dont le compte se solde aujourd'hui par 7,000 fr. de perte.

L'*assolement* de Grignon, ou plutôt l'assolement d'Hohenheim importé à Grignon n'est vicieux que par l'application inhabile qui en a été faite ; il suppose un certain nombre de soles de nature homogène : à Grignon, où il se trouve des terres calcaires et non calcaires, des terres de première classe et des terres infertiles, on a soumis tout le sol indistinctement à la même rotation ; partout le blé, le colza et le trèfle ont dû arriver, à leur tour de rôle, à l'époque prescrite par elle : de là est résulté que, pour certaines portions du domaine, des sacrifices énormes en engrais et en travail sont devenus nécessaires ; telle pièce a, depuis qu'elle est mise en culture, absorbé en améliorations trois fois plus qu'elle ne rendra jamais. On cite certaine pièce, dite *de la défonce*, coteau rocailleux, escarpé, éloigné de la ferme où, dès l'entrée en assolement, on fit conduire 40,000 fr. de fumier, et, trois ans plus tard, 5,000 fr. de vase ; des épierrements multipliés eurent lieu sur tous les points ; on construisit exprès, pour y arriver, un chemin en pente douce de 735 mètres : or cette pièce contient 16 hectares ; c'est donc 1,000 fr. d'engrais par hectare, sans les autres dépenses de culture ; tout cela n'a abouti qu'à une mince récolte de pommes de terre et d'avoine, et à une luzerne plus que médiocre. Si une seule pièce était si libéralement dotée, on peut penser quels énormes sacrifices étaient faits pour le reste des divisions : les poudrettes, les tourteaux, les cendres noires figurent, chaque année, au budget de la culture, pour une somme exorbitante. Des produits à *tout prix*, tel était, on le conçoit, le premier besoin d'une direction qui s'était posée comme modèle de toute perfection culturale. Deux assolements, nous le répétons, étaient indiqués par la nature du sol : le trèfle ne convenait qu'à quelques divisions ; la vesce, qui précède le colza, n'est également bien placée que sur quelques points du domaine : je ne dirai rien de cette masse excessive de racines, culture ruineuse, qui nécessite à son tour une fabrication ruineuse.

Les *spéculations* se lient à l'assolement qui en est, en quelque sorte, la base ; elles étaient donc déjà viciées dans leur principe par un assolement mal appliqué. Le but de toute culture, comme celui de toute industrie est, sans doute, d'arriver au produit net le plus considérable. Quoiqu'on ait dit que Grignon, comme école, était placé dans des conditions particulières, nous pensons que ce principe était aussi vrai pour elle que pour toute autre ferme. Nous dirons plus, nous pensons qu'il lui était applicable: Grignon ne pouvait prétendre à résumer en lui toutes les spéculations rurales, car ces spéculations sont comme les assolements, elles naissent des circonstances. Il ne pouvait espérer offrir avec avantage des systèmes dont les rapports économiques de sa position seraient venus déranger, à chaque instant, l'harmonie. Ce qu'il devait surtout à l'élève, comme étude, c'était l'ensemble bien coordonné d'une ferme marchant dans la voie tracée par sa position, profitant avec habileté de toutes les chances qui l'environnaient, saisissant tous les rapports de la consommation et de la production sociale pour en faire ressortir tous les avantages. Cet enseignement eût été la démonstration la plus palpable des saines doctrines de l'économie rurale, base de l'industrie agricole. Qu'à côté de ce grand ensemble, de cette spéculation fondamentale, en quelque sorte, de son système, on eût ajouté quelques spécimens de spéculations étrangères, d'élève par exemple, de croisement de races, etc., on eût à la fois satisfait à la curiosité et à la raison.

Il n'en a pas été ainsi ; tous les rapports économiques de localité ont été heurtés de front ; comme des circonstances qu'un haut talent agronomique pouvait négliger. Dans une contrée où le fourrage ressort communément à 5 fr. le quintal métrique, où manque la ressource de ces pâturages qui, en Auvergne, par exemple, font une nécessité de l'élève, on a cependant basé toute la culture sur l'élève de l'espèce bovine ; au fromage non pressé et au beurre, qui payent le lait 12 centimes le titre, à la vente en nature qui se solde à 15 centimes, on a substitué un fromage façon gruyère qui ne rend pas 10 centimes pour 1 litre de lait ; à l'élève de l'espèce bovine, on a sacrifié celle de l'espèce ovine qui, seule, combinée avec l'engraissement, peut fournir des fumiers à un prix raisonnable dans la région agricole de Grignon. Nous concevons, il est vrai, qu'il est plus facile de faire acheter quelques vaches, de leur faire produire des élèves qui seront vendus deux à trois ans après, que d'acheter des moutons maigres pour les revendre gras, ou de faire sur cette espèce de bestiaux les spéculations toujours renouvelées auxquelles se livre le fermier des environs de Paris. Dans cette dernière hypothèse, en effet, il faut posséder l'habitude, le tact, le talent enfin de l'acheteur, du marchand et du praticien ; dans le

premier cas, des capitaux seuls sont nécessaires.
Est-ce dans la conscience de ses moyens que la
direction de Grignon a choisi la première des
spéculations ? Nous l'ignorons ; mais, sous le point
de vue pécuniaire, le choix n'a pas été heureux.
Page 134 du dernier numéro des *Annales*, on lit :

Juments poulinières, perte. . .	2,009	»
Vaches, perte.	12,704	»
Bêtes à laine et moutons anglais, perte.	34,773	»
Perte totale. . .	49,486	»

Il est vrai que, comme palliatif, M. Bella
ajoute : « Les pertes qu'on y éprouve (dans les
« spéculations de Grignon) sont *un moyen d'in-
« troduction* qui profite aux élèves, *mieux* peut-
« être que ne pourrait le faire un succès com-
« plet. » Vous verrez que bientôt la ferme
modèle devra pousser l'exemple jusqu'à la déconfiture, pour *améliorer* son instruction.

Quant au dernier reproche, à ce luxe d'exploitation qui surcharge le budget de Grignon, à
cette multiplicité de chefs d'emploi, à cette
main-d'œuvre exorbitante qui cherche le travail
pour l'ouvrier au lieu d'appeler seulement l'ouvrier pour le travail nécessaire , c'est un fait

tellement saillant, que chaque visiteur a pu s'en convaincre. Sans doute on excusera cet excès de moyens par l'éternel prétexte du complément d'instruction. Qu'on en finisse donc avec cette pitoyable argumentation; que Grignon nous dise franchement s'il est école ou ferme : s'il est ferme, qu'il nous donne au moins les résultats d'une exploitation ordinaire; s'il est école, et école centrale, comme le ministère paraît le vouloir, qu'il s'élève à la hauteur de cette destination nouvelle. Qu'il soit pour la France, comme Hohenheim pour le Wurtemberg, une université agricole, rassemblant dans son sein l'enseignement de toutes les branches de l'économie rurale; que des collections de livres, d'instruments, de produits commerciaux s'y forment; que des professeurs y soient attachés qui, dans des cours bien coordonnés, embrassent un ensemble complet des diverses branches de l'art agricole; que des expériences soient tentées sur quelques points contestés, et que les résultats en soient reproduits et livrés à la publicité : alors Grignon aura bien compris sa mission d'enseignement. Nous craignons cependant que cette transformation ne soit pas complète tant que Grignon ne sera pas placé sous une direction agricole et savante en même temps; il faut à sa tête une capacité non contestée, qui comprenne les besoins scientifiques, et puisse les satisfaire.

Un tiers des *Annales* de Grignon est occupé par un article, fort intéressant du reste, de M. Sainte-Marie, ancien élève de Grignon : c'est la relation d'un voyage agronomique dans quelques comtés d'Angleterre au commencement de janvier 1835.

Alexandre BIXIO.

EXTRAIT

DU JOURNAL D'AGRICULTURE PRATIQUE

(juin 1839).

Lorsque, il y a près d'un an, nous avons rendu compte des *Annales* de Grignon, nous avions pensé que, en présence de la position toute privilégiée que la centralisation voulait faire à cet établissement, il était de notre devoir d'étudier consciencieusement sa nature, de juger son importance, de signaler enfin sa direction et sa marche. Ce devoir, nous l'avons rempli avec

l'indépendance et l'impartialité que nous nous
sommes imposées dans l'appréciation des hommes
et des choses. Notre franchise a soulevé contre
nous les vives récriminations de quelques intérêts particuliers qu'alors, comme toujours, nous
n'avions pas craint de sacrifier à l'intérêt de la
vérité; mais ces récriminations nous ont été lé-
gères, car, à côté d'elles, des témoignages
d'hommes respectables se sont réunis pour nous
convaincre que nous avions fait une action utile
en plaçant enfin la presse agricole dans la voie
d'une polémique indépendante et franche. Nous
avons exprimé hautement notre pensée sur Grignon; nous avons dit tout ce que cet institut
pouvait avoir d'avenir, tout ce qu'il pouvait
rendre de services à la science agricole, s'il était
placé sous l'influence d'une haute capacité diri-
geante; mais en même temps nous n'avons pu
nous taire sur les faibles résultats obtenus jusqu'à ce jour. Nous ne reviendrons pas sur ces
considérations; nous aimerions même à rencontrer dans le cahier des *Annales* que nous avons
sous les yeux quelque chose qui pût infirmer
notre premier jugement, ou du moins nous indiquer un progrès dans la marche de l'institut
royal agronomique; il n'en est malheureusement pas ainsi.

Nous avions, l'an dernier, essayé de détermi-
7**

ner la véritable nature de l'établissement de Grignon, et le seul but que ses fondateurs s'étaient
proposé. Les *Annales* nouvelles nous rendent la
solution du problème plus facile, car la direction
de Grignon vient d'y résumer son programme.
Elle a voulu prouver, dit-elle,

1" Que l'agriculture, comme les autres industriels, présente aux capitaux, même très-considérables, *un emploi avantageux* ;

2° Que les propriétaires, en cultivant leurs
domaines, peuvent trouver réuni à l'avantage
d'un *placement convenable* des capitaux d'exploitation celui de voir *augmenter la valeur* de
leurs terres ;

3° Qu'il existe une culture qui, en mettant
en pratique les méthodes et les instruments les
plus perfectionnés, conduit nécessairement à
l'augmentation du service de la rente des capitaux fonciers.

C'étaient là, continue le rédacteur des *Annales*, des *théorèmes* dont aucun établissement agricole n'avait pu jusqu'à ce jour entreprendre la
démonstration ; c'était à Grignon que cette tâche
était réservée. Nous ignorons si les quelques cen-
taines de grands propriétaires qui cultivent en
France souscriront à cette assertion peu flat-
teuse pour leur système de production ; mais,
pour nous, il nous sera permis de penser que,

si les théorèmes n'avaient pas encore été démontrés avant l'avénement de l'institut royal agronomique, la culture de cet établissement laisse encore aujourd'hui la question non résolue, et nous en trouvons la preuve dans le cahier même des *Annales* que nous avons sous les yeux.

L'affaire agricole de Grignon a-t-elle été pour le *propriétaire* et pour l'*exploitant* du domaine un placement avantageux? Voilà, nous le pensons, toute la question ou, pour parler comme les *Annales,* tous les théorèmes posés.

Le *propriétaire,* c'est la liste civile; l'*exploitant,* c'est la Société anonyme de Grignon.

Or, qu'a retiré depuis neuf ans la liste civile d'un domaine qui lui coûte 1 million? Rien, matériellement rien; car elle a donné le domaine à bail pour quarante ans, moyennant une somme de 300,000 francs, qui lui sera payée (nous nous trompons), qui lui sera représentée en améliorations foncières à la fin du bail. Veut-on connaître la portée de cette clause? Si les 300,000 fr. de fermage devaient être payés en argent et par année, ils constitueraient une rente de 7,500 fr. par an, soit 75 centimes par 100 francs du capital foncier de la liste civile, ce qui, assurément, est un médiocre placement; mais, au lieu d'être payés annuellement, si ces 300,000 francs ne devaient être remboursés que dans quarante ans, par la puissance des intérêts composés, la rente se trouve réduite à 28 centimes 33 par 100 francs, ce qui établit le fermage réel de Grignon à 2,833 francs au plus. Dans cette hypothèse, 2,833 francs de rente pour 1 million de capital.., voilà la part du propriétaire; mais cette part ne lui est pas même attribuée, car il doit être payé en améliorations foncières. Or, qu'est-ce que c'est que des améliorations foncières? Rien d'élastique comme l'acception de ce mot, rien d'incertain comme la chose. Toutefois, en adoptant la définition du simple bon sens, on pourrait regarder comme amélioration foncière toute la valeur excédante que le domaine aurait acquise à la fin du bail par le fait de l'exploitation rurale; mais il paraîtrait qu'il n'en est pas ainsi dans la comptabilité de Grignon. Dès les premières années, nous voyons figurer des améliorations foncières. On fait ou l'on répare un chemin qui sera usé dix fois avant la fin du bail....., amélioration foncière; on abat une enceinte de murs, on détruit des pièces d'eau..., améliorations foncières; et, grâce à cet heureux système améliorant, après dix ans, la Société présente à la liste civile 158,000 francs d'améliorations foncières, et, si nous sommes bien informés, la liste civile vient, dès à présent, de les accepter à quelques mille francs près.

Telle est donc la position du propriétaire de Grignon : il n'a touché aucune rente de son capital, mais il se trouve aujourd'hui débiteur du fermier de plus de 80,000 francs, dont il aura sans doute la délicatesse de lui servir les intérêts, de manière que, le système des améliorations foncières aidant, ce sera le tenancier qui recevra un fermage du propriétaire. Merveilleux système que nous recommandons à nos correspondants fermiers.

A ce compte, la deuxième partie du théorème de Grignon, c'est-à-dire la preuve des profits de l'exploitant, doit être facile... Eh bien ! c'est encore là une démonstration manquée, et, pour nous en convaincre, nous ne rappellerons pas nos observations de l'an dernier, mais c'est au bilan même de l'établissement, bilan que viennent de publier les nouvelles *Annales*, que nous en demandons la preuve ; nous donnons les chiffres sans commentaires.

Le bilan de 1834-35 portait :

Actif. 409,146 32
Passif. 387,646 47

Excédant de l'actif. . . 21,499 85

La situation de 1835-36 est ainsi résumée :

Actif. 413,815 95
Passif. 395,180 55
____
Excédant de l'actif. . . 18,635 40

Ainsi qu'on le voit, en un an, l'actif est tombé de 21,499 fr. 85 c. à 18,635 fr. 40 c.; perte pendant l'année, 3,864 fr. 45 c. Mais, si nous remarquons qu'il n'a été payé aux actionnaires qu'un dividende de 4,607 fr. 71 c. au lieu de 15,360 fr., intérêt à 5 pour 100, de 307,200 fr. d'actions, il faut ajouter à cette première perte celle de 10,748 francs, qui porte la perte totale, pour 1836, à 14,607 fr. 45 c. Nous avons vu quel était le bénéfice du propriétaire; voilà les profits des exploitants. Nous le demandons, la seconde partie du théorème est-elle mieux démontrée que la première ?

La rédaction des *Annales* avait encore une troisième démonstration à produire, c'était celle des effets améliorants de sa culture : nous laissons de côté les améliorations des bâtiments ; nous doutons cependant que le château du maréchal Bessières, converti en dortoirs, salles d'étude, etc., ait acquis dans cette transformation une plus-value bien positive. Mais c'est surtout

par l'amélioration du sol que les résultats de la
culture doivent se manifester. Nous connaissons
deux moyens décisifs de constater l'amélioration
du sol : le premier, c'est la preuve qu'on y a
versé une fumure surabondante et progressive,
et ce n'est même qu'à cette condition que les labours profonds sont eux mêmes une véritable
amélioration ; le second, c'est l'augmentation
également progressive des récoltes. Malheureusement ces deux points ne sont pas bien établis,
jusqu'ici du moins, dans la culture de Grignon.
Nous trouvons pour chaque année une fumure
à peu près identique, qui varie entre 7 et 8,000
fumerons : l'année 1835, il n'a même été mis
en terre que 5,710 fumerons, fumure de 50 hectares environ, le cinquième à peu près de la
ferme. Certes, avec un assolement sans jachère
et chargé de plantes commerciales, la terre n'a
pas dû s'enrichir beaucoup sous l'influence d'une
telle fumure. Quant aux récoltes, les *Annales*
n'ont pas jugé à propos de nous résumer les
produits de plusieurs années ; mais, si nous consultons les livraisons antérieures, nous ne voyons
pas un progrès bien marqué dans les produits :
en comparant deux années rapprochées, 1835 et
1836, l'avantage est tout entier pour la première
année. La liste civile a pu se montrer généreuse,
et nous l'en félicitons : cependant, si elle avait

lu le numéro des *Annales* que nous avons sous les yeux, elle aurait peut-être mis plus de réserve dans sa munificence ; car le rédacteur démontre très-bien qu'une allocation à une ferme modèle est dangereuse.

« Les gouvernements d'Allemagne, est-il dit page 19, qui, les premiers, ont vu surgir des institutions agricoles, désireux de doter le plus tôt possible le pays de ces utiles établissements, ont généralement accordé dans ce but des domaines magnifiques, qu'ils ont munis de tout le matériel nécessaire, et ont fourni les capitaux utiles..... Ils n'ont pas compris le tort immense qu'ils font à ces établissements en atténuant l'influence directe de leurs méthodes culturales sur l'agriculture du pays ; ils n'ont pas compris qu'autant il importe que le gouvernement aide à propos l'enseignement, autant il est nécessaire que son influence ne se fasse pas sentir sur la culture, dont l'efficacité ne peut être démontrée que par la spéculation : ils ont répandu des principes comme utiles, en même temps qu'ils ont détruit la preuve de l'utilité de ces principes ; d'une main ils abattent en partie ce qu'ils édifient de l'autre. »

« Ceci s'écrivait alors que la liste civile donnait à la culture de Grignon un quitus de 150,000 fr. de fermage, que le gouvernement dotait l'école,

ce puissant auxiliaire de la culture par les consommateurs qu'il procure à ses denrées , de
30,000 francs par an, plus un nombre indéfini
de boursiers..... La liste civile et le pouvoir trou-
veront peut-être dans ce paragraphe un peu d'ingratitude; nous, nous y verrons au moins un raisonnement peu logique.

Non, nous n'accuserons point le pouvoir de
vous avoir tendu la main dans votre détresse :
pour n'être pas une ferme modèle, Grignon n'en
est pas moins, nous le répétons, une belle institution agricole. Si nous nous sommes montrés sévères dans nos jugements, c'est que nous voudrions
qu'il abandonnât enfin cette fausse position, qui
le force à entasser tant de chiffres, au moins
douteux, pour entrer franchement dans cette
large voie que lui ouvre le pouvoir.. Qu'il se
place à la tête du mouvement agricole, non pour
le protéger de son nom, mais par ses actes; qu'il
secoue le joug de cette influence occulte qui semble paralyser son action scientifique, qui laisse
dans l'oubli les travaux de ses savants professeurs; et nous serons les premiers à renoncer à
cette guerre de chiffres ; qu'il se produise du
moins dans les comices les plus rapprochés de
sa sphère d'action; qu'il manifeste son existence
en payant son tribut à cette grande exhibition de
notre industrie nationale, où l'agriculture n'a

qu'une place si restreinte, et nous lui tiendrons largement compte des sacrifices que commandera une culture expérimentale et progressive, et nous applaudirons de grand cœur aux résultats généraux qu'elle exercera sur le pays. Mais jusque-là qu'on nous permette de déplorer qu'un établissement auquel est abandonné presque gratuitement un immense domaine, que soutient un capital considérable, une société puissante et libérale que le gouvernement a dotée de professeurs distingués, qu'il entoure d'une protection toute spéciale, n'ait produit au monde agricole que la mince brochure que nous avons sous les yeux. On nous promet cependant que cette publication sera suivie, tous les trois mois, d'un cahier où seront déposées, outre l'analyse des travaux de Grignon, les recherches des professeurs et des élèves sortis de cet établissement ; en faveur de cette promesse, nous ne nous montrerons pas sévères sur la livraison qui commence cette nouvelle série de publications ; nous espérons que celles qui vont suivre combleront les lacunes vraiment étranges de celle-ci. En effet, on n'y trouve rien sur l'école, la fabrique d'instruments, la féculerie, la magnanerie, etc. Nous espérons, surtout, que, à l'aide de cette publication plus fréquente, la rédaction parviendra enfin à suivre le mouvement agricole de Grignon, d'un peu plus près qu'elle ne l'a fait jusqu'à présent. Les *An-nales* de 1839 ne nous entretiennent que des opérations de l'année 1835-36 ; avec cette marche , nous devrions attendre jusqu'en 1843 pour connaître la position actuelle de l'institut ; les faits, en revenant de si loin., peuvent s'altérer dans le trajet et, en tout cas., perdent de leur intérêt.

Pour ne pas terminer cet article sur le ton du reproche, nous dirons que nous avons rencontré, dans la dernière livraison des *Annales*, des faits qui méritent d'être signalés à titre d'observations pratiques ; de ce nombre sont des remarques sur les races de bœufs de travail employés à Grignon.

EXTRAIT

DU JOURNAL D'AGRICULTURE.

(Janvier 1840.)

Grignon, malgré la protection toute providentielle dont l'entoure le pouvoir, est toujours travaillé par des divisions intestines, qui semblent indiquer un vice de constitution organique. Chaque année est signalée par quelque émeute parmi les élèves; nous avons passé sous silence l'espèce de licenciement qui, à la suite de violences inexcusables, frappait, il y a quelques mois, l'école entière. Naguère c'était un professeur nommé depuis deux ans au concours, que le directeur frappait d'interdit sous de futiles prétextes; aujourd'hui ce même professeur est menacé de destitution par le conseil, agissant toujours sous l'influence du même directeur. Si nous croyons des personnes bien informées, il aurait été question de renvoyer purement et simplement ce professeur, sur le réquisitoire de M. Bella et sans entendre même sa justification. Nous n'osons croire que le directeur de Grignon ait poussé aussi loin le ressentiment contre un homme qui n'a d'autre tort que d'avoir, dans un concours, été nommé en concurrence avec son fils, et peut-être aussi de ne pas partager toutes ses idées agronomiques. Si l'on en croit les mêmes personnes, on aurait invoqué contre le jeune professeur l'émission de principes d'une économie politique trop avancée. On se rappelle que c'est à l'aide du même prétexte qu'on a contraint M. Briaune à donner sa démission. Le conseil s'y laisserait-il prendre cette fois encore? Ces messieurs, du reste, parmi lesquels on compte à peine deux ou trois cultivateurs sérieux, auraient mis en question la nécessité d'un cours d'économie rurale, l'existence même de cette partie si importante de la science agronomique. Le directeur avait trouvé ce cours si facile, que, malgré les immenses occupations dont il est déjà surchargé, il se serait offert à remplacer le professeur indigne (et sans doute aussi à toucher les 4,000 fr. d'appointements alloués pour ce cours). Il n'y aurait qu'une difficulté à ce petit arrangement de famille : c'est que, pour suivre les précédents, M. Bella devrait subir les épreuves du concours, épreuves dont, nous n'en doutons pas, du reste, il se tirerait parfaitement. Ce mot de concours nous ramène, malgré nous, à une triste réflexion; n'est-ce pas une amère dérision, de la part d'un établissement royal comme Grignon, d'un conseil d'hommes honnêtes et graves, d'ouvrir solennellement un concours pour une chaire, d'appeler des hommes distingués dans la science à y prendre part; puis, quand un candidat, après avoir subi toutes les épreuves, a été reçu à l'unanimité, s'est bien cru admis, a fait deux ans entiers son cours, a renoncé à toute autre carrière, un homme le suspend brutalement et réclame sa révocation sous les plus futiles prétextes? Il n'y a dans une telle conduite ni justice ni dignité. Le conseil le sentira, nous l'espérons encore; et d'ailleurs, comme au ministre seul appartient le droit de sanctionner les nominations et les révocations, si le conseil s'engageait dans la fausse route où s'est imprudemment jeté M. Bella, nous augurons assez bien de la haute impartialité de M. Cunin-Gridaine, pour être convaincus que la cause de M. Royer, qui est ici celle des principes, triompherait auprès de lui.

LETTRE A M. BELLA,

DIRECTEUR DE L'INSTITUT DE GRIGNON.

(1840.)

(Extrait du *Journal d'agriculture*.)

A M. le directeur de l'Écho des halles.

Monsieur,

Vous avez inséré dans un de vos derniers numéros une lettre du directeur de Grignon, à propos d'un article publié par moi dans le *Journal d'agriculture* que je dirige. Il peut sembler étrange que l'*Écho des halles* ait été choisi par M. Bella pour combattre des allégations imprimées dans ce *Journal d'agriculture pratique*; la défense devait naturellement parler aux lecteurs pour qui l'accusation avait été formulée; du reste, au lieu de répondre, M. Bella trouve plus simple de nier. Il oublie qu'en s'obstinant à tenir mes assertions pour erronées, ce n'est pas à moi, c'est à lui-même qu'il donne un démenti, car dans mon argumentation chiffrée j'ai fait usage de ses chiffres et en citant toujours le numéro des *Annales* de Grignon, auquel je les empruntais. Quoi! M. Bella se croit attaqué dans sa probité, dans son honneur, et il se dispense de répondre! Eh bien! ce soin qu'il dédaigne de prendre, je le prendrai, moi; car ses dénégations sont une accusation de mensonge, et je me dois à moi-même de ne pas la laisser sans réponse.

M. Bella trouve son compte à envelopper tout Grignon dans des attaques qui le concernent seul, premier trait de sa bonne foi. Je l'ai dit et je me plais à le répéter, Grignon réunit tous les éléments de succès qui pourraient, sous un autre directeur, faire de cet établissement le premier institut agricole de l'Europe : *c'est l'incapacité du directeur actuel, c'est la prédominance de quelques intérêts égoïstes, c'est le népotisme enfin qui rendent inutiles et la faveur du pouvoir et le généreux désintéressement des actionnaires.* Là seulement est l'obstacle contre lequel viennent échouer le zèle des élèves comme le talent des professeurs.

Je suis forcé de me répéter, pour que cette polémique ne soit pas aux yeux de vos lecteurs une énigme sans mot, puisque M. Bella n'a voulu ni reproduire ni combattre aucune de mes assertions. J'ai dit, et je maintiens jusqu'à preuve du contraire, que les terres de Grignon étaient plus fertiles quand M. Bella les a prises qu'elles ne le sont aujourd'hui, puisque leur produit est moindre; j'ai dit et je maintiens que la valeur foncière de Grignon a subi, par le défrichement exagéré des bois, une détérioration d'au moins 180,000 fr., et tout cela par la mauvaise gestion de M. Bella : ce sont des faits patents et de notoriété publique. Que peut valoir contre ces chiffres une simple dénégation? Que M. Bella nie donc aussi la subvention qui lui est allouée! qu'il nie que, sur cette subvention exclusivement destinée à l'école, 40,000 fr. profitent à la culture! qu'il nie que, malgré cette subvention, les actionnaires ne reçoivent que moins de 1 pour 100 de leur capital! Oui, monsieur Bella, la culture de Grignon est onéreuse et ne se soutiendrait pas sans secours ; oui, Grignon est grevé par vous et les vôtres de 16,000 fr. par an. Voilà les chiffres qu'il fallait discuter; voilà ce qui demeure vrai, car vous n'y répondez pas. Nier n'est pas répondre.

Sous le point de vue scientifique, quels résultats mesquins! Que sort-il de Grignon qui soit digne d'un institut royal? Que signifient les *Annales* exclusivement rédigées par MM. Bella père et fils? J'ai signalé, dans les observations de M. Bella père, des incorrections de style et des inexactitudes palpables; je répète que le mémoire

8**

de M. Bella fils est un pitoyable *factum* en faveur du sucre colonial, un pamphlet hostile à l'agriculture, qu'il devrait au moins respecter, s'il ne veut ou ne sait la défendre.

Telles sont, monsieur, mes principales assertions; je les maintiens vraies et prouvées. Je n'abuserai pas de votre complaisance en leur donnant des développements qu'on peut lire dans l'article attaqué par M. Bella; j'ose espérer de votre impartialité que vous voudrez bien insérer cette lettre en réponse à une accusation accueillie par vous, accusation de mensonge qu'il est de mon honneur de renvoyer énergiquement à M. Bella.

Veuillez, etc.

Alexandre Bixio.

EXTRAIT

DU JOURNAL D'AGRICULTURE.

(1840.)

Il a paru, l'an dernier, sous le titre d'*Annales de Grignon*, une mince brochure dont nous avons rendu compte à nos lecteurs. Quelque exigu que dût nous paraître ce présent fait au public agricole par l'institution royale agronomique de Grignon, nous nous montrâmes cependant peu sévères dans l'examen de ce petit livre; c'est qu'en effet nous avions lu dans une espèce de préface ces promesses, auxquelles nous avions eu la simplicité de croire. « Les *Annales* de Grignon (nous copions textuellement) reprendront désormais la place qui leur fut d'abord assignée... Au lieu de paraître en livraisons annuelles, elles formeront dorénavant des cahiers partiels, destinés spécialement à rendre compte des opérations de chaque saison et des observations auxquelles elles auront donné lieu; de plus, elles contiendront l'analyse des résultats obtenus par la coopération des professeurs spéciaux attachés à l'établissement et des nombreux élèves sortis de Grignon ; enfin elles recevront les communications importantes qu'ont bien voulu nous promettre nos nombreux correspondants en Allemagne et en Angleterre, etc., etc. » Si nous avons bonne mémoire, ceci était imprimé vers le mois de mars 1839 ; aussi attendions-nous avec impatience la fin de la première saison, époque fixée pour l'apparition du premier cahier ; mais la première et la seconde se sont passées, et rien n'a paru : même désappointement à la fin de l'automne, qui, nous l'avions espéré, devait nous fournir quelques cahiers pour les loisirs de nos soirées d'hiver. Nous ne comptions plus sur les *Annales*, nous l'avouons ; d'ailleurs quelques bruits qui nous étaient revenus sur les divisions intestines qui ont agité l'institut, le licenciement des élèves, le renvoi d'un professeur, nous expliquaient tout naturellement ce silence : la science veut la paix ; l'observation mûrit difficilement sur le terrain de la cabale et de l'intrigue. Mais voilà cependant que, après une année d'intervalle, on nous annonce une huitième livraison des *Annales* de Grignon. Nos espérances renaissent ; nous saisissons avidement l'œuvre nouvelle, heureux d'avance d'y rencontrer ces précieux résultats de la *coopération des professeurs,* cette riche correspondance des *nombreux élèves* de l'institut, sentinelles avancées posées à tous les points de la France agricole; ces communications, enfin, dont l'Angleterre et l'Allemagne devaient doter l'institut royal... Eh bien, ici encore, le dirons-nous? un nouveau désappointement nous attendait; toute la coopération des professeurs de Grignon se borne au compte rendu de la culture de 1836, par M. Bella père, et à des réflexions de M. Bella fils, professeur d'architecture rurale, sur la question des sucres : quant aux sept ou huit autres professeurs, il n'en est pas question le moins du monde, et, par suite d'une préoccupation assez étrange, leur nom même ne se trouve pas indiqué dans ce *livret* de l'institution..... Les communications étrangères se bornent à une petite annonce d'une publication de librairie : *Illustration des animaux domestiques de race anglaise;* prix, 25 fr. la livraison, etc.; chez M. Longman-Orms et compagnie, de Londres.

Ainsi, en résumé, notes de M. Bella père sur la culture, réflexions de M. Bella fils sur les sucres, voilà, en substance, la huitième livraison des *Annales* de Grignon.

Vraiment nous ne savons si nous devons, après cela, parler de cette nouvelle production et intervenir entre cette dualité du père et du fils. Nous craignons de retrouver encore là une de ces questions brûlantes d'apanage ou d'hoirie : toutefois nous tâcherons d'être brefs, la matière ne comportant pas, du reste, une longue analyse. Le compte rendu de M. Bella père ne s'occupe que de l'année 1836-37, M. Bella fils se jette dans la question la plus palpitante du jour ; cela est bien : au père le passé, au fils le présent et l'avenir. Peut-être le lecteur aurait-il désiré cependant que M. Bella père ne remontât pas si loin dans le passé : reproduire en 1840 les résultats des cultures de 1836, c'est trop compter sur la mémoire du lecteur ; il est possible même que quelques esprits difficiles n'y voient qu'un moyen de dérouter les souvenirs. On nous avait promis, l'an dernier, de mettre à jour l'histoire culturale de Grignon : si la direction ne veut ou ne peut faire un pareil effort, qu'elle laisse une fois pour toutes cet arriéré et qu'elle sache donner plus d'intérêt à ses communications en leur donnant plus d'actualité.

Quoi qu'il en soit, nous ferons un effort de mémoire pour jeter un regard en arrière sur l'œuvre de M. Bella et nous essayerons d'apprécier quelques-unes de ses assertions.

Deux faits fort importants ont signalé, à Grignon, l'année 1837 : le premier est l'acceptation par la liste civile de 145,000 fr. d'améliorations foncières qui viennent en déduction des

300,000 fr. que cet établissement doit payer à l'État, pour tout fermage de quarante années, impôts, etc. ; le second est l'allocation ministérielle de 33,000 fr. par an, destinés aux frais d'école, et de 36,000 fr. pour l'entretien de quarante-cinq boursiers. Il n'est personne, sans doute, qui n'ait vu dans ces actes de munificence, l'un de la liste civile, l'autre de l'État, une faveur pour Grignon, faveur qui méritait au moins de la reconnaissance. Erreur! M. Bella va nous démontrer que, dans ces deux affaires, ce n'est pas Grignon qui est l'obligé de l'État et de la liste civile, mais bien la liste civile et l'État qui doivent de la reconnaissance à Grignon ; ces deux prétendues faveurs ne sont que des dommages que l'institution consent à subir (toujours dans l'intérêt public).

Et d'abord, quant aux améliorations foncières, les actionnaires de Grignon demandaient 160,000 fr., on ne leur accorde que 145,000 fr. ; perte nette, 15,000 fr.; premier dommage.

Il est vrai que plusieurs de ces améliorations ne sont que des détériorations du domaine, et que ces 15,000 fr. que la liste civile a supprimés ne représentent pas la moitié des matériaux de construction pris sur le domaine même, pour édifier ces prétendues améliorations. Si on a biffé cette somme, c'est qu'il eût été par trop scandaleux que le propriétaire payât des bâtiments dont il avait déjà fourni en matériaux la plus grande partie de la valeur. Et, certes, la liste civile a montré déjà une bienveillance singulière en ne compensant pas, avec les améliorations, les détériorations faites au domaine, détériorations dont la caisse de l'institut a reçu le prix. Ainsi (pour ne parler que d'une partie des détériorations), à l'abri de deux ou trois permissions d'abattre une certaine quantité de bois déterminée, pour les constructions nouvelles, M. Bella a jeté par terre une superbe avenue d'arbres gigantesques à la porte de Chantepie, aujourd'hui nue et déshonorée, la contre-allée qui conduisait de cette porte au château, l'allée de marronniers, le fer à cheval de la cour d'honneur et l'avenue dite *du Clocher*, celle de Thiverval, les plus beaux arbres du jardin anglais, et, tout dernièrement, une magnifique rangée de peupliers qui bordait le canal et le ruisseau au bord du parc ; enfin jusqu'aux lilas, qui couvraient la nudité des murs d'enceinte du parc, ont été sabrés et mis en fagots. Joignez à ces améliorations destructives toutes les réserves de futaies coupées à blanc, les bois du parc, aménagés jadis à vingt ans, aujourd'hui à douze, ce qui, en procurant à M. Bella huit coupes anticipées, en fait perdre autant à la liste civile à la fin du bail. Maintenant, cal-

culez ; ne tenez pas compte des bois de carros-
sage, de menuiserie, de charpente mis en charrues et en chariots par une ignorance vandale,
admettez les prix de ventes que M. Bella a faites,
et vous aurez

Futaies vendues à divers. . .   90,000 »

Inventaire des bois restés à
M. Bella, en 1829, suivant prisée
faite par M. Just, ancien garde
de la couronne. . . . . . .   45,000 »

Plus huit coupes anticipées, à
6,000 fr. environ chaque. . .   48,000 »

Total. . . .   183,000 »

de détériorations à compenser avec 160,000 fr.
d'améliorations. Mais ces abatis ont été faits,
dit-on, à l'abri de permissions d'abattre pour
environ 15,000 fr. de bois, et, puisque la liste
civile ne réclamait pas 168,000 fr. de bois abattus
sans sa permission, elle devait donc payer les
15,000 fr. qu'elle avait permis d'abattre.

> Allez, vous êtes une ingrate,
> Ne tombez jamais sous ma patte.

Passons au second dommage, et ici l'argumentation de M. le directeur est trop curieuse

pour que nous ne la reproduisions pas textuellement :

« D'après une convention intervenue entre
M. le ministre, d'une part, et le conseil de Grignon, de l'autre,

« 1° M. le ministre accorde une somme annuelle de 33,000 fr. pour les appointements de
10 professeurs et frais matériels d'instruction.

« 2° Le conseil d'administration s'engage à
tout disposer pour que l'école reçoive 120 élèves,
dont 80 en dortoirs, 15 en chambres et 25 externes, et le prix de la pension est réduit de 450 fr.
pour la première catégorie, de 300 fr. pour les
deuxième et troisième catégories.

« Ce qui, dit M. Bella (nous copions sa formule), fait une réduction annuelle de 455 fr.
$\times 80 = 36,000$ fr. $+ 300$ fr. $\times 40 = 12,000$ fr.
$= 48,000$ fr.

« Et pour les 80 élèves présents à l'école au
moment des conventions, cette réduction est déjà
450 fr. $\times 60 + 300 \times 20 = 33,000$ fr. »

Ce qui, pour traduire en langue vulgaire la
logique chiffrée de M. Bella, veut dire que la munificence du pouvoir faisait perdre à Grignon
33,000 fr. d'abord, et devait, à l'avenir, lui en
enlever 48,000 autres : ceci est grave et mérite
examen.

Nous en sommes fâchés pour M. Bella, ce

n'étaient pas quatre-vingts, mais bien cinquante-sept élèves qui étaient à Grignon au moment de l'acte de munificence ministérielle.

Nous pouvons le prouver facilement par les chiffres mêmes de M. Bella, insérés à cette époque dans le *Cultivateur;* chiffres que nous sommes d'autant plus portés à croire exacts, sinon exagérés, que, si nous sommes bien informés, M. Bella serait assez embarrassé pour donner les actes de présence de certains élèves cités page 297, notamment de MM. Oppenheim, en Prusse, Rendelhuber, en Bavière., etc., qui concourent à propager la gloire de Grignon dans une grande quantité de pays étrangers (style de la direction, 7e liv., pag. 20,. Enfin, malgré les quarante-cinq bourses offertes par le gouvernement, auxquelles sont venues se joindre quatre bourses du prince royal pour la Corse, deux de la Société d'encouragement, un de la Société centrale d'agriculture, environ dix des départements, soit, en tout, soixante-deux bourses offertes, au moins., il n'y aurait eu à l'institution, à la fin de l'année scolaire 1839, en y comprenant même tous les externes et une quinzaine de réfugiés polonais, que trente-deux élèves de première année, douze de deuxième, un de troisième, en tout quarante-cinq élèves, et, par conséquent, il restait au moins dix-sept places gratuites à donner, pour lesquelles on ne trouvait pas même un sujet qui voulût les accepter.

Cependant, si nous acceptons les chiffres du *Cultivateur*, nous trouvons cinquante-sept élèves ainsi répartis :

Douze élèves à leur compte, dont six en chambre, à 1,500 fr., et six en dortoir, à 1,300 fr., soit. . . 16,800 »

Quarante bourses à 1,000 fr., dont trente-cinq du gouvernement. 40,000 »

Cinq externes à 500 fr. . . . 2,500 »

Recette brute, moyennant les quarante boursiers. . . . . . 59,300 »

Déduction de la subvention en boursiers. . . . . 40,000 »

Reste, produit brut de l'école, sans le secours du pouvoir. . . . 19,300 »

Après la subvention, voici comment le produit se transforme :

1° Six élèves en chambre, à 1,200 fr. . . . . 7,200 »

2° Six en dortoir, à 800 fr.. . 4,800 »

3° Quarante boursiers, à 800 fr. 32,000 »

4° Cinq externes, à 200 fr.. . 1,000 »

Total. . . 45,000 »

Il résulterait une diminution, non pas de 33,000 fr., comme le prétend le directeur, mais de 14,000 fr. Eh bien, cette prétendue diminution n'est encore qu'apparente, et voici comment : ce que M. Bella ne dit pas, c'est que chaque élève interne paye en entrant à l'institution, en sus du prix de pension, une somme de 150 fr., soit, pour cinquante-deux externes, 7,800 fr., ce qui réduit encore à 6,200 fr. le prétendu sacrifice de Grignon...... Mais poursuivons. Nous allons voir que ce prétendu sacrifice se transformera bientôt en un bénéfice réel; car le gouvernement (et c'est là ce qu'oublie encore de dire le directeur) a pris de son côté l'engagement de fournir à l'école quarante-cinq boursiers à raison de 800 fr., ou plutôt de 950 fr. au moins pour la première année, car l'élève doit toujours payer les 150 fr. d'entrée; soit, pour chacune des deux années d'études, 875 fr., et, pour les quarante-cinq boursiers, 39,375 fr.

Or, d'après des évaluations faciles à établir, un élève coûte au plus 500 fr. à l'établissement (nous omettons les frais d'instruction, puisque le gouvernement les paye), ce qui constitue, pour les quarante-cinq boursiers, 22,500 fr. Déduisez cette somme de 39,375 fr., il reste un profit net de 16,875 fr. sur les élèves donnés par le gouvernement. Ajoutez à ces 16,875 fr. les 33,000 fr.

alloués en outre à l'école, Grignon reçoit donc bien réellement de l'État 49,875 fr. Déduisez le sacrifice de 6,200 fr. primitivement fait, vous trouverez que ce prétendu dommage se convertit en une dotation annuelle de 43,675 fr.

Certes, nous ne faisons un crime ni au pouvoir ni à Grignon de cet acte de munificence ; mais nous ne concevons pas la persistance de la direction à nier une coopération qui ne fait qu'ajouter à l'importance de l'institut. Nous craignons de trouver dans cette dénégation constante autre chose que de l'ingratitude. Méconnaîtrait-on la subvention, pour échapper aux obligations (morales au moins) qui en découlent ? Craint-on qu'on ne voie dans cette allocation une subvention nouvelle ajoutée à celle que Grignon tient déjà de la nature de son bail ? Cette supposition dernière ne nous paraît pas sans fondement, si nous la rapprochons de quelques notes qui nous ont été fournies, et que nous mettons sous les yeux du lecteur.

Nous venons d'établir que Grignon recevait du pouvoir, à titre de subvention, ou comme bénéfice sur les boursiers donnés par le gouvernement, 43,675 fr. Prenons la somme ronde de 43,000 fr. et voyons maintenant quel en est l'emploi.

Nous trouvons :

A M. Bella père, comme professeur. . . . . 2,000 »

A M. Bella fils, comme professeur d'architecture rurale. . . . 2,000 »

Au même, comme rédacteur des
Annales. . . . . 1,000 »

Encore à M. Bella fils, comme
chef de pratique de l'école. . . . 1,000 »

                                  ————
                                  6,000 »

Professeurs.

Au principal et professeur de
chimie. . . . . 5,000 »

Au professeur { de mathémati-
                 ques. . . . 3,000 »
               de botanique. . 3,000 »
               d'art vétérinaire. 3,000 »

Au comptable de la ferme comme
professeur de comptabilité. . . . 1,500 »

A deux répétiteurs. . . . . 5,000 »

Au médecin. . . . . 1,000 »

                                  ————
                                  21,500 »

Dépenses matérielles d'instruction.

Jardin botanique. . . . . . . 1,500 »
Frais de pratique, collection et
dépenses diverses. . . . . . 1,600 »
Au surveillant { des cabarets. . 1,200 »
{ de nuit. . . . 1,200 »

5,500 »

RÉCAPITULATION.

Famille Bella. . . . . 6,000 »
Professeurs. . . . . 21,500 »
Dépenses matérielles d'instruc-
tion. . . . . 5,500 »

33,000 »

Il reste donc sur les 43,000 fr. donnés par l'État 10,000 fr.

Le talent est de faire disparaître ce bénéfice dans la comptabilité, et Grignon est un modèle dans l'art de grouper les chiffres; les 10,000 fr. de bénéfice de l'école vont se perdre dans la culture.

Quoi qu'il en soit, il reste, comme on le voit, 10,000 fr.;

Sur lesquels M. Bella père, qui a reçu 2,000 fr. comme professeur, reçoit encore, comme directeur.   5,000   »

Plus, en nourriture de six chevaux de calèche et de main, élevés et nourris pour instruire les élèves.   3,000   »

Plus, entretien de la calèche, chaise de poste, harnais, etc. . .   500   »

M. Bella fils, comme inspecteur de la ferme.   1,500   »

Total. . .   10,000   »

Sans compter le chauffage, l'éclairage, le service des domestiques attachés aux élèves et le loyer de la famille Bella qui occupe une aile entière du vaste château dont les impôts, l'assurance, les réparations et les changements sont mis au compte des élèves.

Ainsi, la ferme se trouvant sans aucuns frais de direction, a pu, cette année, donner un dividende de 12,000 fr., représentant l'intérêt d'un capital composé

1° D'une terre de 900,000 f., exempte d'impôts comme domaine de la couronne, exempte de réparations, puisque la liste civile en tient compte

9**

sous forme d'améliorations, ci. . . 900,000 »
2° D'un capital de. . . . . 307,000 »
3° De futaies dont le prix a été
encaissé. . . . . 183,000 »
                                    ____
                                    1,390,000 »

C'est-à-dire moins de 1 pour 100 du capital.

Il est vrai que, si les actionnaires ont peu profité de la générosité de la couronne et de celle de
l'État, toujours est-il qu'ils ont bénéficié des
10,000 fr. que M. Bella perçoit, cette année, de
l'État et qu'il percevait jadis des actionnaires qui
ne touchaient pas de dividende.

Ainsi, au contentement de tout le monde,
excepté au sien, la famille Bella touche maintenant :

Sur la subvention. . . . . . 6,000 »
Et par l'art secret de la comptabilité. . . . . 10,000 »
                                    ____
            En tout. . . . . 16,000 »
Tous les professeurs
ensemble. . . . . 21,500 »
L'instruction maté-   27,000 »
rielle coûte. . . . 5,500 »
Les actionnaires reçoivent moins
de 1 pour 100 de leur capital ou. . 12,000 »
                                    ____
                                    55,000 »

Mais il faut que la liste civile remette un
fermage de (1). 30,000   »
Et que l'État donne. 33,000   »
                                        ——————
En tout. 63,000   »

Il est encore d'autres conclusions qui ressor-
tent de tout ceci, c'est

1° Que la subvention de Grignon est d'environ
103,000 fr. par an, savoir : 33,000 fr. pour le
corps enseignant, 32,000 fr. de bourses, 7,800 fr.
de droit d'entrée et 30,000 fr. environ de remise de fermage : soit 103,000 fr. au lieu de
33,000 fr. avoués;

———————————————

(1) Les anciens fermiers payaient avec l'impôt 2,000 fr.
pour fermage. 16,400   »
En redevance et corvées. 1,000   »
Les bois valent de coupe annuelle. . 6,000   »
La chasse. 3,000   »
Le château. 3,000   »
L'étang, pêché tous les trois ans, 2,400 fr.
Pour un an. 800   »
                                        ——————
Total. 30,200   »

Les 7,500 fr. que Grignon paye en améliorations foncières ont été, comme on l'a vu, payés et au delà par les
coupes extraordinaires des bois, car l'intérêt seul de
160,000 fr. eût fourni à ces améliorations.

2° Que la culture profite, sur cette subvention, d'au moins 40,000 fr., et que, puisqu'elle ne paye à ses actionnaires que 12,000 fr., elle est éminemment onéreuse et ne pourrait vivre sans secours ;

3° Que Grignon gagne 43,000 fr. à la subvention ministérielle, au lieu de perdre 15,000 fr. en expectative, comme la direction le prétend ;

4° Que, malgré les boursiers, le nombre des élèves ne monte jamais à quatre-vingts ;

5° Que l'école est une spéculation qui nourrit la ferme et paye le dividende qu'on donne aux actionnaires sur la subvention.

Certes, nous sommes fâchés de revenir si souvent sur des chiffres que nous voudrions oublier, nous le répétons, pour ne voir dans Grignon qu'un prytanée élevé à la science agricole par la libéralité du pouvoir. Mais pourquoi la direction, par de mesquines considérations d'amour-propre et d'intérêt privé, nous ramène-t-elle toujours sur ce terrain ? Qu'elle en prenne généreusement son parti, qu'elle reçoive du pouvoir pour la science ce qu'elle ne peut obtenir de sa propre industrie, qu'elle anoblisse cette subvention en la consacrant tout entière aux intérêts de l'art, et nous serons les premiers à féliciter le pouvoir d'une prédilection qui sera justifiée par d'utiles travaux, sinon par d'éclatants succès. Ces considérations nous ont entraînés loin des bornes que nous voulions prescrire à cet article. Nous devons cependant dire un mot des quelques pages où M. Bella rend compte des cultures de 1836-37. Ce ne sont que des notes assez incomplètes sur les produits et quelques accidents de culture dont on ne peut tirer qu'un médiocre enseignement. M. Bella, comme toujours, a été fort sobre d'expériences, à moins qu'on ne donne à ce nom l'emploi de la semence du trèfle de Flandre ou de Poitou (1), au lieu de celle de Brie, et à un essai sur la valeur, comme engrais, de la poudrette inodore, de la poudrette ordinaire et du noir animalisé : cet essai aurait pu, en effet,

---

(1) Il paraît qu'à Grignon l'on attache une singulière importance à ce changement de graines de trèfle, car depuis trois ans on nous en entretient avec une persévérance digne d'une meilleure cause. Ainsi, en 1837 (sixième livraison, page 103), M. Briaune nous fait connaître ce fait dans tous ses détails; en 1839 (septième livraison, page 33) M. Bella le reproduit textuellement, et, en 1840 (huitième livraison, page 205), il croit devoir l'accompagner d'une comparaison qui donne une assez pauvre idée de ses connaissances botaniques : « Le trèfle de Brie, dit-il, présente des *radi-« celles traçantes*, analogues à celles du fraisier. » Nous en prévenons charitablement M. Bella : le fraisier trace par ses tiges ou stolons, et non par ses radicelles.

arriver aux proportions d'une expérience, s'il avait été suivi avec attention et si ses résultats eussent été analysés avec soin ; mais rien de cela n'a été fait. On ne s'est pas même rendu compte, par la plus simple des voies, le pesage et l'incinération, de la valeur des divers engrais, on n'a estimé la récolte que d'une portion des séries ensemencées ; d'où il résulte qu'il n'y a aucune conclusion utile à tirer de cet essai.

M. Bella signale (page 192) une anomalie dans les théories *agronomiques*, il veut dire agronométriques. Quoiqu'il ne puisse se prévaloir d'essais et d'expériences bien conduites, exactement notées, soigneusement raisonnées, il a cependant cru devoir lancer au hasard quelques assertions assez tranchantes ; nous en relèverons quelques-unes qui touchent à des points assez importants pour que nous devions examiner la valeur des objections qu'élève contre elles le directeur d'un de nos premiers instituts agricoles. « Ce froment, dit-il, m'offrit une occasion de vérifier que les théories agronomiques sont encore bien loin de reposer sur un nombre de faits suffisant. Déjà souvent, je me suis aperçu que l'épuisement du sol n'est pas proportionnel à la quantité de grains produits, et pourtant c'est là la base dont on part dans toutes les évaluations. Souvent j'ai remarqué qu'un hectolitre de grains d'une récolte qui a bien couvert le sol de son ombrage et qui a été belle épuise moins que la même quantité de grains provenant d'une récolte chétive qui a laissé le sol découvert, longtemps exposé aux rayons solaires. J'avais fait, ajoute le savant expérimentateur, sur les plantes oléagineuses qui ont précédé le froment de Saumur, une expérience de divers engrais pulvérulents. Eh bien ! c'est précisément où le colza, sur le même terrain, avec le même engrais, avait été le plus beau que la végétation du froment de Saumur a été la plus belle ; dans les parties, au contraire, où , à cause de l'époque tardive du semis, le colza a presque complétement manqué et où, par conséquent, l'humus, la richesse auraient dû subsister, d'après les théories agronométriques (pour agronomométriques), le saumur fut moins vigoureux : je regrette vivement de ne l'avoir pas récolté à part, pour connaître le chiffre exact de son moindre rendement. »

D'abord, quand on ne s'est pas rendu un compte exact d'un fait, peut-on l'opposer à de nombreuses expériences ? voilà la première chose que le lecteur se demande.

Ensuite, le fait étant même tenu pour vrai, est-ce une chose nouvellement reconnue par M. Bella seul ? Eh bien! nous lisons dans une lettre écrite par M. de Woght à M. Bella lui-même et imprimée dans la troisième livraison des *Annales*, p. 191 : « La détérioration du sol (ou de la puissance) s'est toujours trouvée de 10 pour 100 dans le sol peu couvert par la paille dans les étés secs, et de 5 pour 100 dans les étés humides, lorsqu'on y a semé du trèfle ou que le sol a été scarifié et bien couvert par la vigoureuse végétation des plantes. Cette perte est encore diminuée lorsque la semence a été bien répandue, etc. Le sol se trouve si bien abrité par la quantité de tiges et de feuilles, que l'humidité s'y conserve plus longtemps. — On sait, ajoute M. Briaune, auteur de l'article où cette lettre se trouve, qu'un champ où la *puissance* (le bon état du sol) est plus élevée, peut, avec moins de *richesse* (d'engrais), produire autant qu'un autre où la *puissance* était plus basse et la *richesse* plus grande. » Enfin, page 198, nous trouvons que le colza augmente la *puissance* et, par suite, la fécondité subséquente ; et plus bas : « L'augmentation causée à l'amélioration serait encore plus considérable, si le colza avait été biné et chaussé avec plus de soin, et que le développement de la végétation en eût été la conséquence. »

Ainsi M. Bella a découvert ce qu'on lui avait dit.

Quant à son anomalie, elle semble tenir à

ce que M. Bella ne comprend pas l'agronométrie dont il parle, et sur laquelle il a été publié, en son nom, un article dans la quatrième livraison.

Cette théorie dit : « La récolte d'un champ est proportionnelle à sa fécondité (à part les circonstances atmosphériques) ; cette fécondité est le résultat des qualités physiques du sol, naturelles ou acquises par la culture, et de la richesse produite par les engrais. »

Eh bien! suivons le fait si mal observé par M. Bella. Une partie du champ fut préparée par le beau temps, une autre par la pluie (page 199, troisième livraison) ; le colza fut beau sur la première partie et ombragea bien le sol, sur l'autre il fut très-médiocre et même détestable (page 201). Ainsi l'on voit que sur une partie du champ le sol fut maintenu en bon état par la culture et par la végétation, et que sur l'autre il fut détérioré par une préparation à contre-temps et par une récolte qui le laissa durcir par le soleil.

Sur ces deux parties, M. Bella ajoute (page 192) une même quantité d'engrais et sème du froment. Le résultat devait être, d'après le bon sens et l'agronomométrie, une meilleure récolte là où la préparation du sol était, depuis un an, supérieure à celle de la partie voisine ; et M. Bella, qui se donne surtout pour un praticien, ne tient pas compte d'un des deux éléments de la fécondité pour avoir l'honneur de trouver une anomalie dans un système qu'il ne comprend évidemment pas.

Nous pourrions ajouter que la pièce dont il parle est très-bonne d'un côté et très-médiocre de l'autre (page 34 de la sixième livraison), et que le froment dont M. Bella parle aujourd'hui pouvait bien être moins beau là où la terre était moins bonne. Voilà ce que nous sommes portés à croire en comparant les pages 34 et 35 de la sixième livraison avec la page 197 et suivantes de la huitième.

Continuons.

M. Bella nous apprend (page 179) qu'il a changé la productivité de son terrain sans engrais et par le seul approfondissement de la couche arable. « Je pourrais même, dit-il, citer une terre qui, au dire du fermier sortant, était à bout de son fumier et qui, grâce aux labours profonds pendant huit années consécutives et sans fumure, produisit de très-bons trèfles, des froments, des avoines et des colzas. Il est vrai que, durant ce temps, elle reçut des enfouissements végétaux fort abondants; mais comment eût-elle pu fournir cette riche végétation de plantes à enfouir, si l'approfondissement n'en eût changé les propriétés productives?

« ...... Je veux seulement répondre par des

faits à ces théoriciens agricoles qui, parce que leurs devanciers ont prôné la toute-puissance des labours profonds, croient se donner un vernis de pratique en posant d'une manière tout aussi absolue que les labours profonds ne sont rien sans engrais. »

Pour juger la bonne foi de M. Bella dans les éloges qu'il se donne à lui-même et les critiques qu'il se permet sur les autres, nous prenons les *Annales* des années précédentes, et, en lisant l'histoire des cultures dans la sixième livraison, nous voyons que la pièce citée ne peut être que la pièce n° 17 du plan, dite des trente arpents. Cette pièce, dit M. Bella, était à bout de son fumier, et on lit, page 61 de la deuxième livraison, que « cette pièce et une autre de bonne qualité n'ont pas reçu de fumier, d'après les principes du directeur, d'employer l'engrais végétal sur les terres qui sont de la meilleure qualité. » Ensuite on lit, page 24 de la sixième livraison, que cette terre, située au bas d'un coteau, avait une certaine profondeur végétale, et (page 23) qu'elle avait été couverte de vase sur certaines parties; puis (page 24) que, pendant deux ans, elle avait été ensemencée en seigle, escourgeon, trèfle incarnat, et pâturée par des troupeaux qui y avaient déposé des engrais copieux. Voilà déjà un peu la soupe au caillou, ajoutez-y un trèfle enfoui, un nouveau seigle pâturé, une jachère et 24 hectolitres de poudrette par hectare, et vous aurez le secret de M. Bella et celui de tout le monde. Quatre années de pâturage, une jachère, 24 hectolitres de poudrette pour trois récoltes de froment et une récolte de colza ; car les avoines dont on nous parle, cette année, sont une récolte toute nouvelle, et dont nous ne trouvons trace qu'en 1836, après copieuse fumure, relatée page 25 de la sixième livraison.

Si nous cherchons maintenant ce que c'était que ces très-bons froments, nous lisons, page 61 de la deuxième livraison, que le froment anglais avait une bonne apparence, et, page 19 de la troisième, qu'il a rendu 30 hectolitres à l'hectare. Dans la quatrième livraison, page 43, nous voyons que le second froment anglais, semé sur trèfle, n'a rendu que cinq cents gerbes, ce qui suppose, d'après un calcul fait, page 44, 18 hectolitres de froment par hectare. Nous lisons encore, page 67, qu'après cette fumure de 24 hectolitres de poudrette par hectare, répandue sur lignes, ce qui, ajoute-t-on, en triplait la valeur, cette terre n'a produit néanmoins que 23 hectolitres, tandis que celle à côté en produisait 43 ; enfin, dans la sixième livraison, on n'ose pas même donner le chiffre de produit, et l'on dit que la récolte du froment anglais, c'est-à-dire celui de la fameuse pièce, a été un peu inférieure, ce qui a dû être attribué à une dégénérescence.

Ainsi l'on voit que cette pièce, épuisée par le fermier antérieur et améliorée par M. Bella, a toujours produit de moins en moins, malgré les pâturages, les enfouissements et les poudrettes, et même malgré les défoncements *qui n'ont pas eu lieu.*

En effet, à voir l'assurance de M. Bella, on ne saurait douter qu'il a labouré cette terre de 20 à 25 centimètres. Eh bien! page 24 de la sixième livraison, on lit que ce labour n'a pas dépassé, pendant huit ans, 15 à 16 centimètres; et, page 25, qu'il n'a été défoncé qu'au moment d'une forte fumure, en 1835, pour y planter des pommes de terre.

Ainsi trois faits sont avancés par M. Bella, et tous les trois sont démentis par les *Annales* mêmes de Grignon : l'épuisement de la terre à son entrée, et c'est alors qu'elle produit 30 hectolitres par hectare, et à la fin moins de 18; — les labours profonds au-dessous de $0^m,25$, c'est-à-dire à $0^m,10$ au-dessous des anciens labours, et, d'après l'histoire de sa culture, ces labours n'ont pas été de plus de $0^m,15$; — l'absence de toute fumure, et, en huit ans, nous trouvons quatre années de pâturage, une jachère et une fumure équivalente, d'après lui-même, à cause du mode employé pour la répandre, à 72 hectolitres de poudrette par hectare.

Les *réflexions sont superflues.*

Quand nous disons qu'il n'a pas été fait d'expériences en 1837, nous nous trompons : en voici une tellement curieuse, que des gens mal intentionnés pourraient la considérer comme une mystification dont la direction aurait été la dupe. Nous laisserons parler l'expérimentateur lui-même : « J'avais, dit-il, *entendu* prôner un moyen, non pour combattre les vers blancs, mais pour augmenter la récolte des pommes de terre : à vrai dire, je n'avais pas *grande confiance* dans ce moyen; mais, comme, dans ce cas particulier, il me permettait d'enlever les insectes, je n'hésitai pas à l'essayer sur une certaine *étendue.* Quand les plantes furent en fleur, je fis écarter avec précaution la terre qui couvrait les racines et enlever les plus gros tubercules en même temps que les larves qu'on pourrait y trouver; puis je fis couvrir et *réchauffer* le pied des pommes de terre avec le plus grand soin. Cette opération produisit 60 hectolitres par hectare, et, à l'arrachage définitif, les parties traitées de cette manière *donnèrent* 100 *hectolitres* de moins que les autres : il y eut, en outre, cette différence, que les pommes de terre y furent beaucoup moins belles et moins grosses que par-

tout ailleurs... » M. Bella n'ajoute pas de réflexions : le lecteur ne sera peut-être pas aussi
sobre de commentaires ; il se demandera comment, sur un *on dit* sans valeur, puisque M. le
directeur n'ose pas même citer son autorité, un
agronome a pu faire une expérience aussi contraire à tous les principes de la physiologie végétale, et cela sur une *certaine étendue*; il se
demandera encore par quel moyen et à quelle
fin M. Bella fait réchauffer le pied des plantes
ainsi mutilées : nous croyons qu'il eût été beaucoup plus rationnel de les faire rafraîchir par un
léger arrosement.

Assez sur ces essais : nous conseillons seulement à la direction, qui a des professeurs de chimie et de physiologie végétale à sa disposition,
de s'entourer préalablement de leurs avis quand
elle voudra tenter des expérimentations.

Il ne nous reste plus à parler que de l'œuvre
de M. Bella fils, qui se partage exclusivement,
avec les élucubrations de M. Bella père, les *Annales* de Grignon. Ici la critique doit quitter le
ton de la plaisanterie ; car, dans ces pages, ce
n'est plus du ridicule, mais de l'inconvenance
que nous avons trouvée. Ici nous dirons avec le
poëte : « On ne rit plus, on blâme. »

Le travail de M. Bella fils, en effet, a produit
sur notre esprit une impression fâcheuse ; nous

nous sommes demandé si c'était bien là l'œuvre d'un professeur de Grignon, le dernier mot d'un établissement créé pour servir de modèle et d'appui à la production du sol ; nous avons recherché si les rôles n'étaient pas intervertis, si ce n'était pas le comité colonial lui-même qui, se cachant sous l'institut officiel et royal de Grignon, avait provoqué cet étrange factum contre l'industrie indigène. Nous disons *contre l'industrie* indigène : cette expression n'est pas trop forte ; nous pourrions invoquer les paroles mêmes de l'auteur ; car on trouve (page 289) cette phrase curieuse dans la bouche d'un membre de l'institution agronomique de Grignon : « Je ne me suis laissé préoccuper par aucun intérêt spécial, *pas même par celui de l'agriculture...* » Nous sommes donc bien avertis, les *Annales* de Grignon, publiées aux frais du budget de l'agriculture, *ne se préoccupent pas des intérêts de l'agriculture*. Mais est-il bien vrai que, en abandonnant la cause de l'agriculture, M. Bella ne défende pas des intérêts contraires ? Ne ressort-il pas de tout son ouvrage une sympathie exagérée pour les industries rivales. Ici, c'est une verte mercuriale que le jeune professeur adresse aux délégués du sucre indigène. « Les délégués, dit-il (page 230), arrivent de toutes parts, et déjà ils formulent de déplorables menaces ; ils parlent de réparations, d'illégalités, d'attentats aux lois, de refus de l'impôt..... Les récriminations, les exagérations dénotent ordinairement la passion, la mauvaise foi, etc... » Et, plus loin, il ajoute : « Sans doute, quand le commerce et l'industrie progressent à nos dépens, nous avons raison de nous défendre ; mais, le plus souvent, *c'est nous qui voulons développer notre production aux dépens des populations qui achètent nos denrées.* » Entendez-vous, messieurs de l'agriculture, vous qui vous plaignez que la production agricole n'est ni représentée, ni défendue ; vous qui réclamez contre l'abaissement des tarifs à l'entrée des bestiaux et des laines, des lins, etc., vous êtes dans votre tort ; c'est l'institut royal agronomique de Grignon qui vous le fait dire. Nous passons sur un résumé historique de la marche de l'industrie sucrière, où le jeune professeur ne se montre pas moins hostile. Reproches au gouvernement, qui a trop longtemps surexcité la production indigène en ne la grevant pas plus tôt d'un impôt ; reproches aux manufacturiers qui ont monté des fabriques contre toutes les règles de l'économie industrielle, et dont les établissements ont dû « s'affaisser sous le poids des fautes accumulées sur elles par leurs fondateurs (page 265) ; » reproches à l'agriculture qui, effrayée de voir porter la main sur le

monopole, qu'elle regarde comme une arche
sainte, déploya toutes ses bannières (page 263). »
Voilà le style de ce résumé, que termine une approbation trop étrange pour que nous ne lui don-
nions pas place ici. « Espérons, dit M. Bella, que
le gouvernement, par cette mesure énergique,
combattra le mal, qui faisait de si rapides progrès, *quitte* à proposer aux chambres un systéme
conciliant mieux les divers intérêts du pays. S'il
en était ainsi, cette ordonnance serait une mesure hardie, qui, suppléant, par son efficacité,
aux effets trop lents de l'impôt, relèverait subi-
tement l'industrie rivale qui allait succomber et
nous raménerait, par une brusque transition,
vers l'état de choses désirable. » N'avions-nous
pas raison de dire, en commençant, que l'œuvre
de M. Bella fils était un factum en faveur de l'industrie coloniale? Maintenant, si on nous demande quel est, à travers toutes ces récriminations déclamatoires, le systéme proposé par
M. Bella fils pour satisfaire tous les intérêts,
c'est de dégrever le sucre colonial, voir le sucre
de provenance étrangère et de supprimer l'impôt
sur le sucre indigène. Cependant l'auteur con-
sentirait encore (page 288) à laisser l'impôt,
pourvu que cet impôt ne fût pas vexatoire et
incompatible avec l'existence des petites fabriques agricoles, qui sont, suivant M. Bella fils,

tout l'avenir du sucre de betterave en France : ainsi, en dernière analyse, tout le système consiste à dégrever le sucre exotique de toute provenance. Maintenant, quelle sera la quotité du dégrèvement ? Comment remplacera-t-on le vide du trésor ? Ce sont là choses minimes dont l'auteur s'embarrasse peu. Nous l'avons dit, d'ailleurs, il ne se préoccupe d'aucun intérêt spécial, et il a soin d'ajouter en finissant (page 288) : « L'unique but que je me suis proposé, c'est de *produire les réflexions* que m'a *suscitées* l'état actuel de la question des sucres. » Quant à nous, nous avons déjà produit les réflexions que nous a *suscitées* la brochure de M. Bella. Nous ajouterons que cet article est, au fond, une production agricole malheureuse pour l'institution royale agronomique de Grignon, et que, comme production littéraire ou économique, elle ne fait pas honneur à l'écrivain. M. Bella fils est, nous a-t-on dit, professeur d'architecture rurale : nous aurions préféré le voir rester dans sa spécialité, et nous nous permettrons de lui rappeler ce vers d'un de nos poëtes :

« Soyez plutôt maçon, si c'est votre métier. »

Alexandre BIXIO.

EXTRAIT

DU JOURNAL D'AGRICULTURE PRATIQUE.

(Janvier 1843.)

L'habitude que nous avons prise de faire connaître à nos lecteurs toutes les nouvelles agricoles et de leur donner franchement notre opinion sur les hommes aussi bien que sur les choses nous fait un devoir de leur dire quelques mots d'un petit événement qui a failli soulever de grands orages dans les hautes régions du royal institut agronomique de Grignon. M. Douffet, depuis douze ans, professeur et chef de la comptabilité de cette ferme modèle, a donné sa démission pour prendre la direction de la comptabilité de l'école d'agriculture tout récemment établie, par M. Nivière, dans les Dombes. On s'est étonné de voir un père de famille, d'un âge mûr, changer une belle position, bien rétribuée, contre une place beaucoup moins avantageuse sous tous les rapports : le public, toujours disposé à accueillir les conjectures les plus hasardées, a, dans cette occasion, prêté l'oreille à des insinuations fort malveillantes contre le directeur de Grignon. M. Douffet ne peut laisser les choses en cet état ; il nous semble qu'il serait honorable pour lui ou de démentir les propos qui ont circulé, ou de les justifier par des preuves incontestables. Quant à nous, nous sommes bien décidés à ne pas nous faire l'écho de ces insinuations calomnieuses qui n'osent se produire au grand jour : si nous accusions, ce serait les preuves à la main, et nous parlerions à haute voix, disant avec le satirique :

« J'appelle un chat un chat et Rollet un fripon. »

Jusque-là nous nous tairons. D'ailleurs, nous devons le dire, nous ne croyons pas un seul mot des accusations que nous avons entendu formuler. M. Bella a trop souvent rencontré en nous de rudes adversaires pour qu'on n'ajoute pas foi à nos paroles, quand nous disons que nous n'avons jamais cessé de le regarder comme un homme d'honneur ; son nom jusqu'à ce jour est resté sans tache, et ce n'est plus à son âge qu'on dément une vieille réputation de probité.

Après une si désagréable affaire, M. Bella ouvrira-t-il enfin les yeux sur la fausse position qu'il s'est faite vis-à-vis du public en cachant ou en dissimulant les résultats de sa comptabilité, et surtout *en distribuant à ses actionnaires des dividendes pris sur le capital?* Si le conseil d'administration a provoqué ou approuvé cette jouissance anticipée, la responsabilité du directeur est à couvert sans doute; les sociétaires ne peuvent se plaindre, mais l'honneur du chef d'école n'en reste pas moins compromis; car il a annoncé des résultats heureux sans les avoir obtenus, il a induit en erreur le public agricole et les élèves qui viennent à lui pour connaître la vérité : voilà ce qu'il est permis de blâmer, même avec énergie, comme l'a fait, à différentes époques, l'un de nos collaborateurs. Le fondateur de Roville a grandi, chaque année, dans l'opinion en avouant ses désastres et en signalant franchement les écueils sur lesquels il avait touché; sa franchise lui a fait autant de disciples et d'admirateurs que son rare talent d'écrivain et d'économiste. M. Bella n'a-t-il point d'ami assez dévoué pour lui montrer combien il s'égare en suivant un système contraire? Nos conseils, nous le craignons, seront peu goûtés à Grignon; et, cependant, puisque M. de Dombasle, découragé par le peu de sympathie que ses admirables efforts ont trouvé chez nos gouvernants, se retire de la lutte, nous désirerions de tout notre cœur voir passer à Grignon l'héritage de gloire laissé vacant aujourd'hui par l'illustre créateur de la première école d'agriculture en France.

~~~~~~~~~~

EXTRAIT

<small>DU JOURNAL D'AGRICULTURE PRATIQUE.</small>

(Février 1843.)

Nous avions entretenu nos lecteurs des accusations répandues dans le public contre le directeur de l'école de Grignon ; depuis la publication de notre dernière chronique, cette affaire a reçu de nouveaux éclaircissements qui confirment ce que nous avons dit de l'administration de M. Bella. Nous attendrons, cependant, pour en parler que le conseil ait pris une décision définitive et se soit prononcé sur la valeur des allégations qui ont enfin été précisées devant lui.

~~~~~~~~~~

EXTRAIT

DU JOURNAL LE NATIONAL.

(28 mars 1843.)

Une lettre que nous recevons de Grignon confirme la nouvelle du licenciement des élèves de la ferme modèle, à la suite de quelques désordres survenus dans cet institut agronomique.

Voici la troisième fois, depuis quelques années, que cette mesure extrême du licenciement est prononcée par la direction, sous sa propre responsabilité, sans que le conseil d'administration en ait été préalablement informé.

Samedi dernier, ce conseil s'est réuni, sous la présidence de M. le marquis de Vérac, pour entendre le rapport de M. Bella, directeur. Si nous sommes bien informés, il aurait été établi par la discussion qui a suivi la lecture de ce rapport que M. Bella avait excédé ses pouvoirs en congédiant l'école; que ce droit n'appartenait qu'au conseil d'administration et que, dans toute cette affaire, le directeur avait manqué de tact et d'habileté. Le conseil, en conséquence, n'a pas voulu approuver la mesure du licenciement. Toutefois, dans un intérêt d'ordre et pour ménager la position du directeur vis-à-vis de ses subordonnés, il a cru devoir décider que les faits seraient constatés sur le registre de ses délibérations par un procès-verbal dont la rédaction lui sera soumise samedi prochain. Ce procès-verbal exprimera donc que les désordres étant survenus à l'occasion du chef de pratique, M. Louis Sot, qui s'est retiré volontairement, la cause du trouble a cessé d'exister; qu'en conséquence les élèves qui ont quitté l'établissement devront y être rentrés dans quinze jours, s'ils ne veulent être rayés des registres de l'école.

Il n'a rien été dit sur la manière de porter cette décision à la connaissance des intéressés. Cet oubli du seul moyen pratique de donner quelque utilité à la délibération du conseil est vraiment inexplicable. Nous sommes heureux que la publicité de nos colonnes nous aide à réparer cette omission, tout en regrettant que les membres du conseil d'administration se soient plus préoccupés de leur prérogative que de la nécessité de remédier, d'une manière efficace, aux désordres incessants qui troublent la principale école agronomique de France.

EXTRAIT

DU MONITEUR DE LA PROPRIÉTÉ.

(31 mars 1843.)

Par suite de troubles intérieurs, dont nous ne connaissons pas assez les détails pour en entretenir nos lecteurs, l'école de Grignon vient encore d'être licenciée, et tous les élèves sont immédiatement, dit-on, partis pour Paris et de là dans leurs familles.

Tous les amis de l'agriculture et tous ceux qui connaissent les magnifiques avantages et les ressources immenses mis à la disposition de Grignon par la royale munificence du roi Charles X d'abord, grâce à l'intercession de son vénérable ministre, le feu duc de Doudeauville, et, plus tard, par M. le ministre de l'agriculture et du commerce, doivent déplorer, avec nous, les vices d'organisation intérieure de ce bel établissement, qui, trois fois déjà en moins de six ans et sous des prétextes toujours différents, bien que le motif soit évidemment toujours le même, ont mis la direction dans la cruelle nécessité de recourir à ce moyen violent et extrême du licenciement, bien propre à entretenir dans l'école, par l'abus qu'on en fait, une fermentation qui paralyse les études et l'enseignement, et rend inutiles tant d'efforts et de sacrifices qui auraient dû suffire, depuis longtemps, pour placer Grignon au premier rang des instituts agricoles du monde entier.

Nos antécédents, comme membre du corps enseignant de ce bel établissement, nous interdisent toute réflexion sur des détails que, d'ailleurs, nous n'avons jamais cherché à connaître, et sur lesquels nous sommes, en conséquence, aussi ignorant que qui que ce soit. Nous nous permettrons cependant, dans l'intérêt de l'agriculture qui se lie, dans notre opinion, au succès de Grignon, une observation qui pourra paraître sévère à quelques personnes, mais qui ne nous semble que juste et nécessaire.

Il est sans doute très-beau de voir les noms des Vérac, des Mortemart, des Noailles, des Montebello, des Grouchy, des Mallet, etc., honorer de leur patronage l'institut agronomique de Grignon ; mais il serait très-fâcheux que ce patronage, purement nominal, fût la cause principale des embarras de cet établissement, et il en serait ainsi, si ces noms très-honorables, mais complétement étrangers à l'agriculture, au lieu d'exercer sur l'institut de Grignon une surveillance active, qui donnerait à la direction un appui moral puissant, quoique réfléchi et peut-être limité quelquefois, se contentaient de figurer sur le prospectus de l'établissement et s'astreignaient tout au plus à s'assembler quelquefois pour se répartir de misérables dividendes, dont la presse a contesté déjà la légitimité, et pour donner, sans examen, leur approbation, quand même, aux rapports, quels qu'ils soient, de la direction.

Depuis six ans, avons-nous dit, trois professeurs de Grignon ont été forcés de briser un avenir qu'ils devaient croire inattaquable et de quitter un établissement où ils avaient droit de se croire intronisés pour toute leur vie; trois fois, pendant le même laps de temps, l'école a été licenciée par la direction; deux cents jeunes gens, peut-être, ont été renvoyés à leur famille comme indisciplinables et menacés, par cet anathème, de voir leur avenir également brisé.

Certes, des faits de cette gravité méritaient au moins une enquête; le conseil d'administration de Grignon, qui, malgré les avantages que lui fait le gouvernement, maintient à un prix si élevé les pensions des élèves de l'établissement, devait paternellement se livrer, en faveur de ces pauvres jeunes gens, à des investigations sévères et introduire dans le régime intérieur, *proprio motu,* pour en décharger la direction autant que

possible, les réformes nécessaires et surabon-
damment indiquées par ce perpétuel malaise,
cette fermentation incessante..... Qu'a fait ce
conseil?..... Nous l'ignorons et nous ne voulons
pas croire à son indifférence ; mais évidemment
il n'a su trouver ni la cause du mal ni le remède
nécessaire, et, après une expérience si longue et
si désastreuse, c'est presque un devoir pour lui
de reconnaître son inaptitude à diriger un établissement de cette importance, dont il compromet
l'avenir en continuant à suivre les errements
passés. Le noble et loyal fils du vénérable duc de
Doudeauville, le fondateur réel et l'on peut dire
le père de l'institut de Grignon, en donnant sa
démission de membre de ce conseil où sa mémoire
doit vivre éternellement, mais « où il ne pouvait
plus faire de bien, » selon ses chrétiennes expressions, a donné un bel exemple dont devraient
profiter, ce nous semble, les membres de ce conseil, qui placent avant toute autre l'ambition
d'être utiles à leur pays.

ROYER.

EXTRAIT

DU JOURNAL LE SIÈCLE.

(1er avril 1843.)

Nous avons annoncé dernièrement le licenciement des élèves de l'institut agricole de Grignon; nous sommes heureux d'apprendre que cette importante école est sur le point d'être réorganisée. On nous assure que le *National* a été induit en erreur, en annonçant que le conseil d'administration désapprouvait la mesure prise par M. Bella, directeur; au contraire, il a confirmé l'exclusion des auteurs de la voie de fait qui a eu lieu et autorisé la réouverture des cours pour les élèves qui témoigneront leur soumission et leurs regrets, en désavouant l'acte blâmable qui a été commis contre le chef de pratique, qui, du reste, s'est volontairement retiré. Les parents ont été instruits de cette décision.

EXTRAIT

DU JOURNAL LE NATIONAL.

(1ᵉʳ avril 1843.)

M. Bella, directeur de l'institut agronomique de Grignon, vient d'adresser aux parents des élèves congédiés une lettre dans laquelle il les prévient, au nom du conseil d'administration, que leurs enfants seront réintégrés dans l'école à la condition de témoigner leur repentir de leur participation au désordre.

M. Bella affecte de méconnaître que le conseil d'administration n'a pas approuvé la mesure brutale du licenciement et a décidé que la cause du trouble ayant cessé, par suite de la retraite du chef de pratique, les élèves seraient simplement invités à rentrer dans la quinzaine.

Le conseil d'administration s'est efforcé de concilier les exigences de la discipline avec les embarras d'un directeur inhabile. Ce dernier ne tient pas compte de cette réserve et semble ne songer qu'à ménager son amour-propre aux dépens des élèves.

Nous espérons que M. Maulny de Mornay, envoyé sur les lieux par le ministre de l'agriculture, sera mieux inspiré que M. Bella et comprendra combien il est urgent de prendre les mesures convenables pour que la ferme modèle de Grignon ne demeure pas plus longtemps désorganisée par suite d'exigences inopportunes.

EXTRAIT

DU JOURNAL LE NATIONAL.

(4 avril 1843.)

Nous avons entretenu nos lecteurs des désordres qui avaient eu lieu à l'école de Grignon et du licenciement qui en avait été la suite. Les membres du conseil d'administration de cette école nous adressent à ce sujet la lettre suivante :

« Le *National* a publié deux articles relatifs à une *suspension des études* de deux des trois classes d'élèves de l'école de Grignon.

« Le conseil d'administration de cette institution n'a nul motif de cacher les mesures qu'il prend pour régler la marche d'un établissement dont l'utilité et les services sont aujourd'hui bien appréciés ; c'est, notamment au bon accord qui n'a cessé de régner entre le conseil et le directeur que sont dus des succès fort rares, il faut bien le dire, dans des entreprises de cette nature.

« Le conseil continuera à suivre la même voie. Les dispositions de son arrêté du 25 mars ont été communiquées aux parents des élèves dont les études sont suspendues ; on leur a fait connaître aussi les conditions de la réintégration de ces jeunes gens.

« Le *National*, dont la bonne foi ne peut être mise en doute, reconnaîtra qu'il a accueilli involontairement des inexactitudes dans les deux articles qu'il a publiés.

« Veuillez, monsieur le rédacteur, insérer notre réclamation dans votre plus prochain numéro et agréer l'assurance de notre considération.

« Le marquis DE VÉRAC, le maréchal marquis DE GROUCHY, GODARD, DARBLAY, DESJOBERT, FOURNIER, CAFFIN D'ORSIGNY, le duc DE MORTEMART, le vicomte DE MORTEMART, Arthur DE SAULTY, MALLET, secrétaire du conseil. »

(156)

Nous avons inséré cette lettre sans difficulté parce qu'elle nous donne l'occasion de revenir sur l'affaire du licenciement et sur la situation générale d'un établissement agricole qui mérite tout l'intérêt de l'opinion publique. Disons d'abord que la lettre précédente confirme nos observations au lieu de les détruire. Nous avons affirmé que M. Bella avait licencié l'école sans en avoir le droit; le fait est constant; nous avons affirmé que le conseil n'avait pas voulu reconnaître cette mesure; cela résulte des termes mêmes de la lettre, où il s'agit non plus du renvoi des élèves, mais d'une simple *suspension d'études*. Qu'après cela le conseil parle de sa bonne intelligence avec le directeur et qu'on accorde même à celui-ci, par complaisance, cette espèce de certificat, c'est une petite affaire de famille dont tout le monde s'explique facilement l'origine et la portée.

Il n'en est pas moins vrai que le conseil, après une assez vive discussion, a désapprouvé la lettre par laquelle M. Bella avait communiqué aux parents des élèves les conditions auxquelles leurs fils seraient réintégrés. Le directeur avait écrit qu'il était autorisé à RÉORGANISER *l'école immédiatement*; le conseil n'a point pensé qu'il y eût lieu à réorganiser, parce que M. Bella n'avait nullement le droit de désorganiser.

Ce n'est pas sans dessein que nous nous servons de ce mot : il nous en coûte assurément de caractériser ainsi la direction de cette école ; mais l'intérêt de l'établissement doit être supérieur aux ménagements pour les personnes, et des faits nombreux nous autorisent à critiquer avec une certaine sévérité la conduite du directeur. Ce n'est pas la première fois que M. Bella licencie l'école ; depuis dix ans, il a eu recours trois fois à cette mesure extrême et violente : or une administration qui a besoin de ces remèdes héroïques tous les deux ans est évidemment une administration mal conduite. Et ce n'est pas tout encore : dans ce même intervalle, trois professeurs ont été obligés de quitter l'école ; des membres du conseil, comme M. Becquey, M. Sosthènes de la Rochefoucauld, se sont retirés parce qu'ils ne pouvaient plus y faire le bien ; plus de cent jeunes gens ont été renvoyés à leurs familles, et l'établissement, qui devrait enfin donner de beaux profits, couvre à peine ses dépenses.

Cet état de choses est déplorable ; il ne pourrait se prolonger sans menacer l'existence même de cet institut agricole qui a rendu des services et qui, bien dirigé, pourrait en rendre de plus grands encore. Et nous ne prétendons pas que la faute soit seulement à M. Bella ; les personnes, fort honorables assurément, qui nous ont adressé

la lettre précédente peuvent aussi prendre leur
part et une large part dans nos critiques. Qu'ont-
elles fait jusqu'à présent pour surveiller l'école,
perfectionner ses moyens, signaler, corriger les
abus ? Rien, ou fort peu de chose. Réunies en
conseil, elles ont le devoir de porter un œil vigi-
lant sur toutes les parties de l'administration,
et cependant elles paraissent se contenter d'exercer un haut patronage ; le conseil, qui devrait
réellement diriger, abandonne la toute-puissance
au directeur, et, si celui-ci a cru pouvoir prendre
une mesure violente et qui était hors de ses attributions et de son pouvoir régulier, il s'y est cru
autorisé par cette sorte d'insouciance qui rend
le conseil si facile et qui semble permettre à
M. Bella une absolue domination.

On a vu, par les faits que nous avons cités, les
résultats très-fâcheux que produit cette indifférence ; nous apprenons donc avec plaisir que le
conseil a ordonné un examen général de la situation de l'école. Les membres du conseil se rendent à Grignon demain mardi ; nous espérons
qu'ils sentiront la nécessité d'imposer des règles
nouvelles à la direction, d'exiger plus d'ordre,
plus de modération dans le commandement, des
formes plus polies dans les rapports avec les
élèves, un choix plus intelligent de certains employés, et enfin une administration qui place cet

institut au niveau de nos grands établissements publics. L'intérêt que nous portons à l'agriculture nous a inspiré ces réflexions, et nous aurons soin d'y revenir, parce qu'il faut que la publicité se montre vigilante quand l'autorité ne l'est pas.

EXTRAIT

DU JOURNAL LE COURRIER FRANÇAIS.

(29 mai 1843.)

Le licenciement de l'école de Grignon a fixé l'attention des hommes sérieux sur cette ferme modèle, dont l'agriculture attendait de si grands avantages. Des fautes ont été reprochées à la direction ; entrons dans quelques détails à cet égard et voyons si ce n'est pas avec raison que l'on s'est plaint.

La direction de l'institution royale agronomique de Grignon a été confiée à M. Bella, qui fut chargé d'employer tous les moyens nécessaires à l'exécution des intentions manifestées par l'acte de société, en date des 13 et 17 mars 1827.

La Société est formée dans le but de convertir
le domaine royal de Grignon en une ferme modèle pour les divers genres de culture, et d'enseigner, par des expériences et des procédés
pratiques, les théories et les méthodes de l'agriculture perfectionnée, ainsi que les arts qui concourent à son développement.

Le directeur a pris, en conséquence, les dispositions qui lui ont paru convenables pour
l'administration intérieure de la ferme, et il a
entrepris tous les travaux de défoncement, d'é-
pierrage, de création ou de développement de
chemins et de mise en état de culture des
274 hectares de terre arable qui la composent;
puis il a dirigé toute la culture vers un système
d'assolement qu'il a cru le plus approprié à la
localité, et par conséquent le plus productif dans
cette situation. Il a voulu prouver bientôt, aux
propriétaires cultivateurs surtout, et aux fermiers à longs baux, que, par une culture bien
raisonnée, ils arriveraient comme lui à nourrir
une tête de gros bétail par hectare, et qu'ils capi-
taliseraient dans le sol le prix employé par eux
aux défoncements, aux engrais, aux irrigations
et à toutes les améliorations foncières.

Il résulte d'un rapport d'experts, en date du
10 juin 1838, c'est-à-dire, après la dixième année d'exercice, que les défoncements, les épier-

rages et la quantité des bons engrais venant de la ferme, et les améliorations culturales, avaient profité au sol d'une manière très-remarquable et au point que, jugeant de l'avenir par le passé, MM. les experts paraissaient ne pas douter qu'à la fin du bail l'immeuble aurait acquis une valeur foncière qui permettrait une augmentation de loyer proportionnée aux sacrifices que la liste civile s'est si généreusement imposés.

Suivant les données qui précèdent, on devait s'attendre à voir marcher la culture dans une voie constante de prospérité ; mais malheureusement il n'en a pas été ainsi, puisque, malgré la modicité du prix de fermage et les avantages qui auraient dû ressortir des coupes de bois abandonnées par la liste civile, de rares et parcimonieux dividendes n'ont pas encore atteint 2 pour 100 d'intérêt du capital versé par les actionnaires, lorsqu'en ferme comme en industrie on compte ordinairement 10 pour 100 pour l'intérêt des avances à la culture.

Il est vrai, pourtant, qu'on a vu, mais non sans surprise, figurer, dans la dépense des comptes de 1839-1840, une somme de 2,064 fr. 42 cent., *comme part du directeur dans les bénéfices*, ce qui avait fait supposer que MM. les actionnaires allaient toucher le complément de leurs intérêts à 4 pour 100 au moins et leur part dans les bénéfices de 1839-1840, sur lesquels le directeur avait prélevé les 2,664 fr. 42 cent. ci-dessus; mais vaine illusion, car, malgré tous les tours de force employés dans les comptes de 1841-1842, qui n'arrivent qu'au moment où l'exercice de 1842-1843 devrait être présenté, tout fait pressentir qu'une partie du capital social est absorbée et l'avenir de l'institution gravement compromis peut-être.

S'il est vrai pourtant, comme l'ont dit les experts, en 1838, que les améliorations étaient acquises au sol et que celles foncières, sans les engrais, s'élevaient déjà à 145,852 fr. 92 cent., on serait donc fondé à n'attribuer les pertes qu'à un vice dans la direction, car les accidents ordinaires ne pourraient pas seuls produire un déficit aussi profond en présence de tant d'éléments de succès.

Cependant, à l'école, l'instruction s'est élevée progressivement par le concours des professeurs qui consacrent tous leurs soins au développement des connaissances agricoles, et de nombreux exemples attestent que Grignon fait des agriculteurs capables d'appliquer utilement les théories et les méthodes de l'agriculture perfectionnée, c'est-à-dire de celle qui, selon les diverses localités, a pour but de donner, et à toujours, les plus grands produits par les moindres dépenses.

Par quelle fatalité l'école mère semble-t-elle marcher contre ses propres préceptes, puisque, au lieu des grands bénéfices promis par le directeur, la culture ne peut pas même, après la quinzième année de jouissance, rendre le prix de fermage sur le taux des anciens baux? Cela viendrait-il de ce que le directeur, s'il a pris des leçons de Thaër, n'a pas eu le temps de se livrer, sous les yeux d'un aussi bon maître, aux exercices de cette pratique attentive et intelligente, si indispensable à qui veut entreprendre avec succès une grande culture? car il est évident que le directeur, occupé déjà par la double et trop lourde tâche de la culture et de l'école, a multiplié, sans motifs fondés, les frais d'exploitation, d'appointements pour un état-major luxueux, et qu'il s'est livré à diverses spéculations onéreuses, notamment sur le bétail.

S'il s'était souvenu des recommandations de son maître, de Thaër, il se serait servi de la comptabilité pour s'éclairer sur des fautes peut-être inévitables dans les commencements; mais il a cru pouvoir venir à bout de maîtriser sa position qui empirait de jour en jour, et, ne voulant pas avouer ses erreurs, il a préféré faire fléchir les chiffres en donnant pour ses comptes des éléments fictifs au comptable obéissant.

Combien n'aurait-il pas mieux fait d'imiter l'exemple de M. Mathieu de Dombasle, au lieu de persister dans l'assurance de prétendus succès qui devaient recevoir, tôt ou tard, un trop éclatant démenti.

De là encore l'éloignement où le chef de l'école s'est tenu de tous les membres du corps enseignant, qui ne pouvaient ou n'osaient pas lui communiquer leurs réflexions sur les inconvénients de l'assolement ou des spéculations adoptés par lui, quand ils leur paraissaient être en opposition aux principes qu'ils sont chargés de professer.

Voyez ce qui se passe quand un élève demande son diplôme : on lui donne un projet de spéculation culturale, avec un capital déterminé et dans des conditions créées de manière à le contraindre à un travail assidu, qui lui demande quelquefois six ou huit mois d'études sérieuses ; puis, lorsqu'il a remis son plan, qui contient le compte de ses dépenses et produits, terminé par le bilan de sa dernière année de culture, il vient en soutenir le mérite devant le directeur, les professeurs, et souvent en présence de cultivateurs distingués, appelés à ces intéressants examens.

On pense bien qu'il ne peut être ici question d'assimiler le directeur de Grignon à un élève qui subit sa thèse, mais la circonstance semble faite pour démontrer qu'un pouvoir sans limite a toujours ses inconvénients; car, combien l'amour-propre n'aveugle-t-il pas trop souvent l'homme même le plus clairvoyant!

Serait-ce donc un mal que les professeurs fussent quelquefois réunis au conseil de famille, par le directeur, pour recueillir les observations que chacun d'eux aurait été à portée de faire dans la ligne de ses attributions, sur les avantages ou les inconvénients du système d'assolement suivi et de ceux des spéculations entreprises? car ce n'est que dans les spéculations dont les profits leur seraient bien démontrés qu'ils devraient puiser les bons exemples que leurs élèves seront appelés à appliquer un jour, comme ce n'est que par une connaissance bien positive de l'augmentation progressive des produits de la culture qu'ils pourront arriver à la démonstration du problème de la capitalisation des engrais et des améliorations dans le sol, problème que ne reconnaît même pas encore le plus grand nombre de cultivateurs, mais qui est le pivot du système cultural que le corps enseignant est chargé de professer.

Ces communications entre le directeur et le corps enseignant ne pourraient que tourner au profit de la science, par conséquent au profit de l'institution et à la bonne harmonie intérieure, qui a un si grand besoin d'être cimentée; d'ailleurs les professeurs n'eussent-ils que voix consultative dans le conseil de famille, cette prérogative les intéresserait tous et attirerait de leur part une attention plus soutenue sur les faits culturaux dont ils doivent aujourd'hui rester les impassibles témoins : aussi qu'arriverait-il si le directeur venait à manquer tout à coup?

Tout ne démontre-t-il pas la nécessité de faire un règlement et d'établir, auprès du directeur, un conseil intérieur, où toutes les propositions que le directeur aurait à soumettre au conseil d'administration de la Société, soit sur les intérêts de l'exploitation en général, soit sur les dispositions relatives à l'école, à la tenue des élèves et à la comptabilité, auraient déjà été examinées et discutées en famille? Il résulterait de ces précautions que le conseil d'administration serait plus à l'abri des propositions rigoureuses de licenciement, comme celles qui, pour la troisième fois, viennent de compromettre sa dignité, la réputation et l'existence même d'une école qui, moins arbitrairement conduite, serait peut-être sans rivale dans le monde.

Aussi bien, en prenant le parti proposé, le conseil d'administration ne fera qu'obéir au vœu de l'article 16 de l'acte d'association, qui dispose : « Le conseil arrêtera les règlements d'adminis- « tration intérieure et l'ordre de la comptabi- « lité.. » Certes, après quinze ans de longani- mité, il ne sera pas taxé d'impatience.

Au moment où l'assemblée générale des ac- tionnaires va être réunie pour entendre les rap- ports généraux sur la marche de l'établissement et sa situation financière, après tous les bruits alarmants qui ont retenti sur le sort d'une insti- tution que MM. les actionnaires se glorifiaient d'avoir créée, ce serait une véritable consolation à leur offrir que de leur donner connaissance de règlements que le conseil aurait arrêtés ; ils ver- raient que, en faisant ses efforts pour effacer les mal- heurs des premières années, le conseil entre dans une voie meilleure et qui peut tout réparer pen- dant les vingt-cinq années qui restent à courir. Et il est permis de croire que la jeunesse stu- dieuse de notre belle France, qui se pressait déjà aux portes de Grignon, s'y présentera avec une nouvelle ardeur dès qu'elle saura que des mesu- res ont été prises pour la garantir des mouve-

ments inconsidérés qui naguère encore ont failli
sacrifier l'école tout entière pour la faute d'un
ou de deux élèves seulement ; et les familles ne
manqueront pas d'encourager cette ardeur quand
elles ne craindront plus de voir leurs enfants arrêtés brutalement dans leur carrière et jetés à
l'improviste et désœuvrés au milieu des sédic-
tions enivrantes et dangereuses que Versailles
ou Paris offrent sans cesse à la jeunesse.

Espérons que MM. les honorables membres
du conseil d'administration ne balanceront plus,
en présence de tant de considérations importantes,
à céder au vœu de toute la France agricole.

EXTRAIT

DU JOURNAL LE COURRIER FRANÇAIS.

(3 juin 1843.)

Un rapport sur l'école de Grignon vient d'être distribué aujourd'hui aux membres du conseil d'administration de cet établissement. Ce travail, qui nous a été communiqué, est remarquable à plus d'un titre; il renferme, sur la situation réelle et sur la marche de l'institution, des détails qui confirment malheureusement nos craintes. Nous disions, il y a quelques jours, que, par suite de l'extrême faiblesse du conseil d'administration, l'avenir de cette institution pouvait être compromis, et nous appelions de tous nos vœux une organisation nouvelle : eh bien, le rapporteur a dépassé nos prévisions.

M. Caffin d'Orsigny, cultivateur distingué et membre de la Société royale et centrale d'agriculture, qui a été chargé de ce travail important, a parfaitement démontré qu'au lieu de produire des bénéfices, la direction actuelle de Grignon avait causé 4,167,755 fr. de pertes; somme énor-

me qui pourrait paraître exagérée si le résultat
n'était certifié par des données positives, par des
chiffres et des faits de la plus grande autorité.

M. Caffin d'Orsigny conclut, comme nous
l'avons fait, à une autre organisation dans la
direction, dans la comptabilité et l'économie de
la ferme. Les raisons sur lesquelles s'appuie
M. Caffin d'Orsigny nous paraissent sans répli-
que, et nous ne saurions trop engager les actionnaires à accepter les conclusions du rapport ; du
reste, quels que soient les changements que l'on
adopte, on ne saurait obtenir de pires résultats.

EXTRAIT

DU JOURNAL L'ÉCHO.

(8 juin 1843.)

Nous avons sous les yeux le mémoire que
M. Caffin d'Orsigny, membre du conseil d'administration de Grignon, vient de distribuer à un

certain nombre d'exemplaires, sur la situation de cet établissement.

Les faits articulés dans ce mémoire sont de la plus haute gravité; ils appellent, de la part de M. Bella, une réponse prompte et catégorique. Quand nous aurons sous les yeux cette réponse, nous comparerons et nous verrons de quel côté est la vérité.

EXTRAIT

DU JOURNAL L'ÉCHO.

(18 juin 1843.)

Monsieur le directeur,

Deux notes, insérées coup sur coup dans vos deux numéros du 6 et du 8 de ce mois, relativement au mémoire présenté par moi sur l'état actuel de Grignon, contiennent quelques faits erronés, dont j'espère que vous voudrez bien accueillir les rectifications avec l'impartialité que le public reconnaît dans l'esprit de votre estima-

12**

ble feuille. Ces notes inexactes présentent mes
vues et le but de mon mémoire sous un jour complétement opposé à la sincérité de mes intentions ;
ma position répond d'elle-même à toute insinua-
tion de jalousie intéressée. Comme membre du
conseil d'administration, j'ai mission de défendre
les intérêts des actionnaires de Grignon, et j'ai
rempli un devoir sacré en défendant ces intérêts.
Dévoiler des abus, des actes préjudiciables à ces
intérêts, je le répète, c'est mon droit, c'est mon
devoir ; aussi le conseil n'a-t-il pas hésité à or-
donner l'enquête que j'ai demandée, ce qui doit
être fait par une commission spéciale, en ma
présence et en celle de M. Bella : c'est tout ce
que je pouvais désirer de mieux ; *il n'y aura pas
là de faux-fuyant ni d'échappatoires.* Il n'y a,
dans mon mémoire, que des faits et des chiffres ;
dans l'enquête, les chiffres et les faits parleront,
et il n'y aura pas d'intérêts d'argent ou d'amour-
propre qui puissent réussir à les étouffer.

Les notes insérées dans l'*Écho* des 8 et 11 juin
donnent à entendre que j'aurais pu m'abstenir
de parler des troubles survenus récemment à
Grignon ; je ne le pouvais pas plus que je ne
pouvais m'abstenir de mettre au grand jour la
situation financière de Grignon ; l'intérêt de mes
commettants ne me permet pas de voir de sang-
froid le plus bel établissement agronomique de

l'Europe gravement compromis au détriment des actionnaires, au détriment de l'agriculture et de la chose publique, si vivement intéressée à la prospérité de cette institution, qui, bien gérée, peut produire de si brillants résultats. L'intérêt des actionnaires, dont je suis le mandataire comme membre du conseil de Grignon, et, par-dessus tout, l'intérêt de l'agriculture française. tels sont, monsieur le rédacteur, les motifs impérieux, dégagés de toute vue privée, de toute animosité personnelle, qui m'ont inspiré le courage de publier mon mémoire ; l'enquête le prouvera.

Agréez, etc.

CAFFIN D'ORSIGNY.

EXTRAIT

DU JOURNAL D'AGRICULTURE PRATIQUE.

(Juin 1843.)

Nous attachons trop d'importance à la ferme-école de Grignon pour passer sous silence le nouvel incident qui vient compliquer d'une manière sérieuse les affaires déjà si embarrassées de sa direction. Dans la dernière assemblée générale des actionnaires, il a été fait, par un membre du comité d'administration, un rapport fort étendu sur la situation financière de l'établissement; ce rapport, longuement élaboré, tend surtout à démontrer que le système suivi jusqu'à présent, bien loin d'avoir augmenté le capital de la Société comme le soutenait M. Bella dans ses comptes rendus, a constitué la Société en perte de 80,000 fr.

Plusieurs journaux ont publié des extraits du rapport rédigé par M. Caffin d'Orsigny; nous espérions que M. Bella répondrait immédiatement à une accusation qui, cette fois, compromet sérieusement tout au moins sa réputation d'administrateur habile. Il ne s'agit plus aujourd'hui d'assertions vagues et sans preuves que l'on puisse repousser silencieusement en se retranchant dans sa dignité; ceux qui attaquent ne sont plus de ces gens à qui l'on se dispense de répondre, ce sont des associés et presque des juges, dont le public accepte provisoirement la décision.

Eh bien, M. Bella se tait!... ou plutôt il fait pis que de se taire; il annonce qu'il répondra, mais qu'il lui faut du temps pour préparer sa défense.

Eh quoi! monsieur Bella, il vous faut du temps pour répondre sur les faits de votre administration, sur les chiffres que vous avez produits, sur les comptes que vous avez rédigés! mais tout cela est l'objet constant de vos méditations. Songez-y donc, ce n'est point une question imprévue que vous avez à résoudre : votre justification doit être le récit tout simple de vos travaux; pourquoi donc hésitez-vous?

Quelque étrange que nous semble cette remise sollicitée par M. Bella, nous attendrons sa réponse pour communiquer à nos lecteurs le rapport de M. Caffin d'Orsigny, qui est la confirmation éclatante de tout ce que nous avions dit depuis cinq ans sur la direction de Grignon.

EXTRAIT

DU JOURNAL OFFICE DE PUBLICITÉ.

(5 juillet 1843.)

Société anonyme de l'institut de Grignon, au capital social de 300,000 fr., représenté par 250 actions nominatives de 1,200 fr. chacune, Bella, directeur, sous l'autorité du conseil d'administration. — Assemblée générale des actionnaires. — Décidément, malgré tous les avertissements de la presse agricole, et grâce à l'incompréhensible faiblesse des membres du conseil d'administration, l'institution royale agronomique de Grignon paraît condamnée à servir de champ d'expérience à la *ruineuse éducation agricole* de Bella, pendant autant de temps qu'il en faudra à ce savant pour épuiser les immenses ressources de ce bel établissement et arriver à la *déconfiture prédite dès* 1838 *par M. Bixio,* dans son journal d'agriculture pratique.

L'assemblée générale des actionnaires qui s'est tenue le 3 juin, sous la présidence de M. le ma-

réchal de Grouchy, n'avait réuni que seize personnes ; huit membres du conseil d'administration, six actionnaires et deux représentants d'actionnaires empêchés : le premier, muni d'un
pouvoir régulier dont l'usage lui a été contesté,
par un des membres du conseil, au moment où
il s'est agi de voter sur la proposition de distribuer un dividende de 4 pour 100 aux intéressés ;
le second, n'ayant pas de pouvoir, était Marcel,
connu depuis longtemps comme l'ami intime du
directeur J. Laffitte et son représentant dans
toutes les réunions d'actionnaires, où il a toujours été courtoisement accueilli, mais qui, devant l'opposition violente du même membre du
conseil, a cru devoir s'abstenir. Cependant, il
faut le dire, le président a invité M. Marcel à
assister à la séance, et, après le vote sur le dividende en question, il a admis le porteur du pouvoir régulier à prendre part aux travaux de l'assemblée ; mais ils n'avaient plus pour objet que
la réélection des membres du conseil dont les
pouvoirs venaient d'expirer.

Il n'a pas été difficile de se rendre compte du
petit nombre d'actionnaires qui se sont présentés
à l'assemblée en voyant le court intervalle de
trois jours que le conseil d'administration a mis
entre l'avertissement et la réunion, et, si quelques erreurs du genre de celle que nous avons

vue dans un des billets de convocation, où *le 6 juin était indiqué à la place du 3, se sont multipliées,* on sera encore moins étonné ; dans tous les cas, le conseil n'aurait-il pas dû se conformer à l'usage en avertissant, par la voie des journaux, quinze jours au moins à l'avance ?

M. Godard a fait, au nom du conseil d'administration, un rapport sur les comptes et sur les résultats de l'exercice 1841-1842, terminé par la proposition de distribuer un dividende de 4 pour 100 aux actionnaires ; *mais il s'est abstenu, pour cette fois, du compliment d'usage sur la marche de la direction.* Il semble que, après tout ce qui s'est passé, le conseil aurait pu tenir un langage plus sévère envers le gérant.

Un actionnaire, membre du conseil d'administration, n'a pu s'empêcher d'exprimer combien il lui paraissait imprudent de voter la répartition d'un dividende avant de connaître la véritable position actuelle, surtout au moment où M. Caffin d'Orsigny venait de communiquer un rapport alarmant sur la *position financière et morale de l'institution :* aussi l'assemblée a-t-elle décidé presque unanimement qu'une commission serait nommée pour faire, en présence de Caffin d'Orsigny et Bella, une enquête sur tous les faits allégués contre la direction ; mais, chose surprenante ! c'est que, sans attendre les éclaircissements que doit produire cette enquête, le conseil est parvenu à faire voter sur le dividende, *qui, pourtant, n'a été enlevé que par une voix, probablement celle de Bella, fils du gérant.* Cette majorité, comme on le voit, aurait pu être déplacée si un seul des représentants des deux actionnaires empêchés avait pris part au vote. Cependant, d'après le compte rendu de Caffin, si la direction était en perte de 78,563 fr. à la fin de l'exercice 1842, la distribution d'un dividende serait une infraction manifeste à la loi, qui défend expressément de prendre sur le capital pour distribuer des dividendes aux actionnaires des compagnies anonymes, et, si l'institution penche vers sa ruine par l'incurie du directeur, comment les membres du conseil d'administration pourront-ils se défendre d'avoir *laissé fondre entre des mains incapables le plus bel établissement agronomique de l'Europe ?* Voilà des faits positifs qui doivent attirer l'attention du ministre de l'agriculture et du commerce, ainsi que de l'honorable M. de Senac.

EXTRAIT

DU JOURNAL OFFICE DE PUBLICITÉ.

(12 juillet 1843.)

*Société anonyme de l'institution royale agrono-
mique de Grignon.*

Quand nous avons donné, dans notre numéro
du 5 courant, les renseignements qui nous avaient
été communiqués sur l'assemblée des actionnaires
de l'établissement de Grignon, d'après toutes les
précautions qui avaient été prises pour éviter
qu'il n'y eût cohue dans la réunion, nous avions
pensé que c'était un parti pris de la part des
membres du conseil d'administration d'arranger
les choses en petit comité de famille et de n'a-
voir de comptes à rendre qu'à eux-mêmes; nous
n'avons donc pas été surpris de la décision prise
sur l'allocation d'un dividende aux intéressés,
malgré les raisons plausibles qu'il y avait au
moins pour l'ajourner; mais nous n'espérions
pas que le conseil mettrait dans une aussi grande

évidence, par la publication des comptes, la confirmation la plus claire du double reproche que nous lui avions adressé 1° de laisser fondre entre des mains incapables le plus bel établissement agronomique de l'Europe, — *ce qui est fort fâcheux ;* — d'enfreindre la loi, qui défend de prendre sur le capital pour distribuer des dividendes aux actionnaires des sociétés anonymes, ce qui est très-maladroit de la part de l'autocrate de l'institution agronomique de Grignon. — Nous voyons donc aujourd'hui que le rapporteur, M. Godart-Desmaret, a déclaré, au nom du conseil, que le temps ayant manqué pour examiner soigneusement les comptes, il y a eu obligation d'accepter les choses comme elles se sont présentées, c'est-à-dire avec les chiffres du gérant, *chiffres dont on ne pouvait qu'admirer la concordance arithmétique, mais dont le résultat pouvait laisser à désirer.* — Nonobstant d'aussi graves réflexions, que tout autre que le gérant Bella pourrait prendre pour une critique bien sévère, M. le directeur, qui mériterait encore les plus graves reproches pour avoir persisté, et pour cause, dans sa vieille habitude routinière de laisser en arrière un exercice tout entier, et cela par la négligence du conseil lui-même, dont tous les membres sont des personnes très-honorables ; en vérité, ce gérant, qui a été signalé depuis longtemps comme un aussi incompréhensible, aussi faible administrateur que cultivateur inhabile et incapable, est l'arbitre que choisit le conseil pour l'aider à prononcer sur la question du dividende, et M. Bella décide que, d'après l'inventaire de sa façon, il y a lieu de distribuer ce dividende. Est-il possible de voir de semblables errements de la part d'un honnête homme ! et le conseil adopte, et l'assemblée générale, dont les huit membres du conseil présents forment l'immense majorité, adopte aussi : *c'est incroyable;* il y aurait vraiment de quoi s'amuser, s'il n'y avait de compromis que les quelques 1,000 fr. versés par MM. du conseil qui ont pris part à cette singulière délibération, dont les deux tiers des actionnaires *manquaient* à l'appel de M. Bella. Comme société anonyme, c'est au ministre de l'agriculture et du commerce que nous signalons ces faits, qui ne sont pas sans importance dans l'intérêt de l'agriculture du pays.

COUP D'OEIL

JETÉ

SUR LE RAPPORT

FAIT PAR M. GODARD-DESMARET ,

au nom du conseil d'administration de l'institution royale agronomique de Grignon,

à l'assemblée générale des actionnaires , le 3 juin 1843,
sur les comptes de l'exercice 1841-42 ,
en attendant qu'il plaise au directeur de présenter
ceux de 1842-43 à une époque où le conseil ,
comme le dit l'honorable rapporteur,
pourra avoir le temps d'en faire un examen
approfondi.

Si ce rapport a été fait sous l'espoir d'un meilleur avenir, et dans le but de rassurer les actionnaires par la distribution d'un dividende, les précautions prises par le conseil pour représenter, presque à lui seul, l'assemblée générale des actionnaires, devaient faire présumer que ce rapport n'était pas destiné à être aussi prochainement rendu public. Mais M. Bella, espérant, sans doute, que l'annonce d'un dividende passerait pour une réfutation suffisante et victorieuse des graves imputations dirigées contre lui, et surtout par le rapport si explicatif de M. Caffin d'Orsigny, s'est empressé de prendre l'initiative d'une publication dont les membres du conseil pourront fort bien ne pas savoir plus de gré que de celle où il s'est naguère arrogé le droit de licencier l'école, sans consulter ses supérieurs.

Quant à nous qui avons averti MM. les membres du conseil des dangers véritables que leur faiblesse, croissant de jour en jour, faisait peser sur la belle institution confiée à leur patriotisme, et qui ne demandait, pour prospérer, qu'une direction intelligente, nous profiterons des aveux contenus dans le rapport pour appeler l'attention sur l'urgence de mesures propres à sauver l'établissement.

Selon M. le rapporteur, le conseil déplorait la nécessité où il était encore de soumettre le compte d'un exercice expiré, déjà depuis plus d'une année, *et à une époque telle qu'il n'a pu avoir le temps d'en faire l'examen approfondi, ce qui le mettait dans l'obligation d'accepter les choses comme elles se présentaient, c'est-à-dire avec les chiffres de M. le directeur, dont on ne peut qu'admirer la concordance arithmétique, mais dont le résultat pourrait laisser à désirer.*

Pour le retard apporté à la présentation des comptes, il est incroyable qu'un blâme aussi sérieux, surtout quand il se reproduit tous les ans, ne soit attribué qu'à une absence du comptable, dont on affecte de dissimuler la durée (15 jours) quand on pouvait acquérir la conviction que la lenteur du balancement des comptes n'a tenu qu'à la difficulté, renaissant chaque année, d'arranger, à la fin de l'exercice, ceux d'entrée, de vente et de consommation, de manière à faire disparaître tout ce qui était en discordance avec les écritures journellement et régulièrement tenues, ce qui décuple le travail.

A l'égard de l'approbation du compte rendu par le directeur, on ne comprend pas comment le conseil a pu se décider à la donner, après avoir délaré qu'il n'avait pas eu le temps de faire l'examen approfondi de ce compte; et, si les résultats présentés par le directeur laissaient quelque chose à désirer au conseil, comme il le dit, on ne comprend pas davantage comment il a proposé le payement d'un dividende de 4 pour 100 aux actionnaires; car, en admettant même, ce qui serait une concession bien généreuse, que l'exercice de 1841-1842 eût donné un bénéfice réel de 12,298 fr. 62 cent,, qu'est-ce qui prouverait qu'au 3 juin dernier, au moment où l'exercice de 1842-43 devait être clos, les pertes n'avaient pas absorbé les prétendus bénéfices de l'exercice précédent? et c'est pourtant ce qui semble démontré par le rapport de M. Caffin ; il est vrai que le rapport du conseil était imprimé quand le premier a paru.

Avant d'entrer dans l'examen de l'œuvre de M. Bella, nous remarquerons qu'il n'était pas nécessaire de perdre trente-trois jours pour poser un visa tout de complaisance, et qu'il est fâcheux que le conseil ait renoncé à faire faire l'inventaire de 1842-43, qui avait été commencé par ses commissaires, quand il a été averti que le bilan de l'exercice clos présenterait un énorme déficit. Trente-trois jours étaient, certes, bien suffisants pour faire l'inventaire exact, et, quand il aurait fallu reculer de quelques jours l'assemblée générale des actionnaires, il y allait assez de l'honneur des membres du conseil de ne présenter ses propositions qu'appuyées sur des documents incontestables pour ne pas hésiter. Ces messieurs ne voient toujours qu'un homme là où il s'agit des actionnaires et des intérêts généraux de l'agriculture française.

Voyons donc ce que M. Bella présente comme

valeurs actives et certaines dans son bilan au 30 avril 1842. Force a bien été effectivement d'accepter tous ces chiffres si admirablement alignés, puisqu'il n'était plus temps de reconnaître et d'évaluer les objets mobiliers, les animaux, les denrées et beaucoup d'autres valeurs qui n'existaient plus en partie ou qui avaient subi de nombreuses métamorphoses. Tâchons d'aider le conseil à trouver une réponse à cette naïve question : *le résultat de cette concordance arithmétique parfaite ne laisse-t-il rien à désirer ?*

Le conseil avait ajourné la question des avances d'engrais faites aux cultures, parce qu'il partageait les doutes exprimés par M. Godard-Desmaret dans le sein du conseil et ceux de presque tous les cultivateurs sur le problème de la capitalisation, posé par M. Bella ; néanmoins M. le directeur, faisant peu de cas d'une opposition qui fléchit habituellement sous son adroite importunité, a porté à son actif 29,033 fr. 55 cent. pour les engrais enfouis antérieurement à l'exercice.

Les travaux exécutés, imputables sur loyers non échus, mais non encore reçus par la liste civile, sont portés à 36,368 fr. 50 cent. ; les experts de la liste civile ne pourront-ils rien en abattre ?

Le compte de créditeurs et débiteurs divers

13**

offre un actif de 793 fr. 21 cent. ; mais ce ne peut être qu'à la condition que tous les débiteurs seront bons, et M. le directeur n'aurait pas dû oublier que, parmi ces débiteurs, il y en a beaucoup et de très-anciens qui sont plus que douteux, et que l'on pourrait en compter pour plus de 14,000 fr. d'insolvables. Voilà pourtant comme résonnent les chiffres quand on leur met une sourdine.

Ainsi de l'excédant de 73,963 fr. 67 cent. de l'actif sur le passif, si on retranchait

1° Les anciens engrais. . . .	29,033	55
2° Les mauvais débiteurs. . .	14,000	»
3° Une réduction éventuelle dans les travaux exécutés pour la liste civile.	6,000	»
Total. . . .	49,033	55

Il n'y aurait plus qu'un excédant

de.	24,930	12

Et, d'après ce qui précède, serait-il bien surprenant que cet excédant ne se fût évanoui devant une estimation faite par un tiers plus désintéressé que le directeur ?

Maintenant, d'après les assurances données par le rapporteur sur les bénéfices venant de l'exercice de 1841-42 et sur la situation financière de l'institut qui peut supporter un prélèvement sans gêner en rien le roulement de l'exploitation, et qui, d'ailleurs, se trouve avoir un capital de 380,163 fr. 73 c., pourquoi ne rend-on pas aux actionnaires 44,556 fr. 57 c. formant, avec 47,524 fr. 65 c., les 92,081 fr. 22 c. des intérêts à 4 pour 100 de leurs actions jusqu'au 30 avril 1841 ? Les actionnaires, dira-t-on, ont consenti à les laisser en dépôt pour subvenir aux besoins de l'école ; mais, puisque l'école ne doit plus que 47,524 fr. 65 c. et que M. Bella a déclaré avoir en caisse une somme de 53 ou 58,000 fr., il semble que cela serait plus convenable que de payer un nouveau dividende de 12,208 fr. et de porter un bénéfice en réserve de 65,755 fr. 73 c., puisque ce bénéfice n'existe réellement pas.

C'est ici le lieu de demander au conseil d'administration les motifs pour lesquels on a fait figurer dans les comptes de 1839-40 une somme de 2,064 fr. 42 c. comme part revenant à M. Bella dans les bénéfices de l'exercice, sans en faire connaître ni la proportion, ni la destination donnée aux autres parts ; et encore, ce que sont devenus les 100,534 fr. 66 c. du prix de la coupe des bois et des différents dons faits à l'institution.

De tout ce que nous venons de dire, et qui n'a rapport qu'à la partie financière, il résulte évidemment que le conseil a usé envers le directeur d'une indulgence beaucoup trop aveugle. Et nous allons voir, dans l'examen qu'il nous reste à faire des explications sommaires sur quelques-uns des soldes qui viennent aboutir au compte des profits et pertes du quinziéme exercice, qu'il est encore sous le charme des brillantes promesses d'un homme qui se débat contre les difficultés insurmontables, fruit de son obstination et de son incurie.

Animaux de travail.

« Nous ne nous arrêterons pas au compte des
« chevaux ou des bœufs immédiatement appli-
« qués à la culture..... Toutes les précautions à
« prendre consistent à n'en avoir que le nombre
« nécessaire et à les gouverner de manière à les
« tenir en bon état et à en tirer le meilleur parti
« en faisant la moindre dépense possible. »

Mais, s'il ne faut que ces précautions, pourquoi votre directeur a-t-il entretenu, pendant quinze ans, deux fois plus de chevaux et de bœufs, et, par conséquent, de charretiers qu'il n'en faut?

Animaux producteurs d'engrais.

« Ces animaux sont les vaches, les bœufs à

« l'engrais, les moutons soit d'élevage, soit à
« l'engrais et les porcs..... Le seul problème à
« résoudre consiste à composer et à gouverner
« les troupeaux de manière qu'ils remplissent
« leur destination de producteurs d'engrais aux
« meilleures conditions possibles, et c'est sur
« quoi le conseil et le directeur ne cessent de
« porter toute leur attention. »

Dans toutes les fermes, ces animaux donnent
non-seulement de l'engrais, mais ils rendent, en
outre, des profits plus ou moins considérables,
selon l'intelligence du fermier, en lait, en viande
et en laine. Il n'y a qu'à Grignon qu'on ne retire de ces animaux que l'engrais qui ne couvre
pas encore le prix des fourrages, malgré la précaution qu'on a eue, depuis 1838, de doubler le
prix des fumerons ; ce qui n'a pas augmenté de
5 centimes la fécondité de la terre. Si, depuis
quinze ans, le conseil et le directeur ne cessent
de porter leur attention sur ce qu'ils appellent
le seul problème à résoudre, il faut les plaindre
de n'avoir pas encore appris à regarder autour
d'eux. Au surplus, les pertes sont un moyen
d'instruction assez vanté et malheureusement
très-pratiqué par M. Bella ; les élèves savent à
quoi s'en tenir, et cela est fort heureux.

Magnanerie.

« La magnanerie est en perte comme de cou-
« tume, etc. »

Depuis que les soins de la mûraie ont été en-
levés à M. Philippar, professeur d'arboricul-
ture, pour être confiés à M. Bella, fils du directeur, inspecteur général des cultures, les mûriers
sont la honte de l'école, et la magnanerie va de
mal en pis : mieux vaudrait la supprimer que de
la laisser ainsi.

Fourrages annuels.

« Le printemps de l'exercice dont nous vous
« présentons le compte a été tellement défavo-
« rable, à Grignon, à toute la division consacrée
« à ce genre de plantes, que la récolte a manqué
« presque entièrement ; ce qui explique la perte
« énorme de 4,027 fr. 57 c. que présente cet
« article, et comment il a fallu chercher ailleurs
« des ressources pour subvenir aux besoins des
« bestiaux. »

Si, par suite de l'assolement adopté par le directeur, les années de fumure n'étaient pas aussi
éloignées, ces récoltes seraient plus assurées ;

mais il faut soutenir le système de la prolongation de puissance des engrais, pendant cinq ans au moins, dans le sol de Grignon, et la récolte doit subir toutes les conséquences du principe invariablement posé.

Prairies naturelles.

« Contre l'ordre naturel des choses, ces prai-
« ries sont en perte. Ce résultat provient, en
« presque totalité, de ce que, dans le cours de
« l'exercice, on a exécuté, pour l'amélioration
« des prairies, des travaux d'irrigation qui pro-
« duiront leur effet plus tard, et dont la récolte
« de 1841-42 supporte tout le fardeau. »

Ces pertes, vous les devez en grande partie à la mauvaise direction des travaux d'irrigation qui ont été faits et refaits à plusieurs reprises : quant aux frais, vous les avez compris dans le compte des améliorations foncières, sauf à la liste civile à vous en tenir compte ou à contester.

Féculerie.

« Les résultats de la féculerie sont subordon-
« nés aux chances commerciales, et le prix ayant
« été très-modique pendant une longue série de

« mois, les fécules ont été vendues au prix de
« 24 fr., qui n'a pas suffi pour couvrir toutes
« leurs dépenses. »

Si votre fabrication était faite avec économie,
vous gagneriez toujours au prix de vente à 24 fr.;
c'est ce que vous certifieront tous les fabricants
de fécule.

Fabrique d'instruments.

« La perte sur cette fabrique accessoire résulte
« de ce que les autres fabricants d'instruments
« aratoires ayant substitué la fonte au fer dans
« beaucoup de circonstances, et Grignon ayant
« continué à faire exclusivement emploi du fer,
« ces premiers ont livré à des prix modérés aux-
« quels Grignon n'avait pu encore descendre; la
« demande s'est donc ralentie dans une propor-
« tion telle que les frais généraux et les charges
« de la fabrication n'ont pu être entièrement
« couverts. Pour mettre un terme à cet état
« de choses, la fabrique de Grignon va suivre
« ce mouvement industriel et employer conjoin-
« tement le fer et la fonte, autant qu'il sera
« possible, sans nuire à la qualité des instru-
« ments. »

Il serait, sans doute, beaucoup mieux de supprimer cette fabrique, qui n'a jamais pu soutenir la concurrence et qui ne sera probablement qu'une cause de dépenses sans profits ; mais vous vous êtes enfin aperçu qu'on faisait mieux ailleurs que dans votre enceinte : pourquoi n'en feriez-vous pas autant pour votre culture et vos spéculations malheureuses ?

Bois en aménagement.

« Les bois en aménagement donnent perte, et
« c'est un fâcheux état de choses qui s'est égale-
« ment présenté pendant les trois années consé-
« cutives qui ont précédé 1841-42... : le conseil
« en trouve la cause dans la répartition, faite par
« le directeur, d'une masse considérable de dé-
« penses générales qu'il assimile au fermage, et
« dont il grève les bois dans une trop forte pro-
« portion, eu égard à leurs produits......; c'est
« un objet sur lequel le conseil et le directeur
« vont porter toute leur attention. »

La réflexion du conseil vient à l'appui de tout ce qui a été dit sur les inconvénients d'une comptabilité qui flotte au caprice du directeur.

Observations générales.

C'est surtout dans ce chapitre que l'on voit

combien le conseil s'abandonne avec confiance à
de flatteuses illusions qu'il s'efforce de faire partager à MM. les actionnaires. Laissons-le parler :

« Vous venez de voir, messieurs, que le béné-
« fice net, autrement dit l'accroissement de
« capital que fait ressortir le compte de 1841-42,
« est de 12,238 fr. 62 c., c'est-à-dire qu'il repré-
« sente, avec un faible excédant de 30 fr. 62 c.,
« 4 pour 100 du *capital des actionnaires;* nous
« disons du *capital des actionnaires,* et non du
« *capital d'exploitation,* parce qu'une grande
« partie des fonds versés par les actionnaires ont
« une autre destination que l'exploitation pro-
« prement dite de la ferme. »

« En effet, il faut en distraire

« 1° Pour les travaux d'améliorations fonciè-
« res, exécutés pour compte de la liste civile,
« en sus des loyers échus.. . .   69,429 76

« 2° Pour avances faites à l'é-
« cole à divers titres, savoir :

A reporter. . .   69,429 76

«   *Report.* .   69,429 76

« Dettes de l'école
« à découvert.   .   . 12,051 80
« Mobilier de l'é-
« cole. 35,472 85
« Avances pour
« couvrir l'arriéré   66,437 53
« sur les bourses. .   8,633 93
« Avances sur les
« pensions des élè-
« ves. 10,278 95

« Pour avances, à divers titres,
« aux industries accessoires , en-
« viron.   .   .   .   .   25,000 »

              Total.   .   .   . 160,867 29
« Fonds effectivement versés
« par les actionnaires.   .   .   .   . 305,200 »

« Différence appliquée à l'exploi-
« tation agricole proprement dite.   144,332 71

« Dont le bénéfice , *même réduit* à 12,238 fr.
« 62 cent., représente plus de 8 pour 100.
« Certes, dans des circonstances ordinaires,
« et si le fonds de roulement n'était réellement
« que de 144,332 fr. 71 c., un pareil résultat
« passerait pour très-satisfaisant ; mais, d'un
« autre côté, la douceur des conditions du bail,

« les actes de générosité et de bienveillance tant
« de l'Etat et de la liste civile que des action-
« naires pour concourir au développement et à
« la prospérité de l'institution, les améliorations
« réalisées sur le sol de Grignon pendant le cours
« de quinze années, le degré de fécondité auquel
« les terres sont parvenues, la supériorité des
« systèmes d'assolement et de culture adoptés
« à Grignon sur ceux autrefois pratiqués, enfin
« l'avantage d'une direction habile et éclairée.. :
« toutes ces causes peuvent faire espérer mieux
« encore, etc., etc. »

D'abord, et pour faire ressortir le prétendu
bénéfice de 1841-42, et laissant en arrière les
92,081 fr. 22 c. des intérêts à 4 pour 100 dus
aux actionnaires, voyez le soin qui est pris de
faire deux parts de l'argent versé par eux : *capital des actionnaires et capital d'exploitation;*
et dites si vous croyez que tous les porteurs
d'actions partageront la grande joie de MM. les
membres du conseil en apprenant que le bénéfice, même *réduit* (ce mot est trop joli pour ne
pas le souligner) à 12,238 fr. 62 c., représente
plus de 8 pour 100 du plus faible de leurs deux
capitaux! Il ne serait pas fort téméraire d'en
douter, et nous croyons, au contraire, qu'un
cultivateur qui, pour fonds de roulement, aurait
employé un capital de 144,000 fr., se trouverait

fort désappointé s'il ne réalisait qu'un bénéfice de 12,238 fr., quand on y ajouterait même les 62 centimes : nous en appelons à tous les cultivateurs.

Mais, pour les actionnaires de Grignon qui connaissent *la douceur des conditions du bail, les actes de générosité et de bienveillance tant de l'État et de la liste civile que des actionnaires, les améliorations* que vous leur vantez tous les jours, *le degré de fécondité auquel les terres sont parvenues, la supériorité des systèmes d'assolement et de culture adoptés à Grignon,* n'apercevez-vous donc pas que vous venez de dresser devant eux l'acte d'accusation le plus foudroyant contre l'homme qui vous berce depuis quinze ans de ses contes de *Mille et une nuits?*

École.

Nous ne reviendrions pas sur le licenciement si maladroitement prononcé par le directeur et si faiblement combattu par vous, si nous ne nous étions pas proposé de répondre à toutes les parties de votre rapport... Eh bien, sur ce sujet, comme sur tout le reste, on vous voit encore péniblement trahir la vérité et les grands intérêts qui vous ont été confiés par une prédilection que rien ne justifie.

Comptabilité.

« Les comptes et l'inventaire ont été rédigés
« dans les formes et suivant les errements usités
« depuis longtemps ; ils ne donneront donc lieu
« à aucune observation spéciale : toutefois ils ne
« seront pas oubliés dans l'examen auquel le
« conseil se propose de se livrer prochainement
« sur toutes les améliorations dont l'établisse-
« ment peut être susceptible. »

Il est bien à désirer que la comptabilité de
Grignon cesse d'être élastique comme elle l'a été
jusqu'à ce jour ; mais, pour que la vérité se fît
connaître, il ne faudrait pas que le teneur de livres fût l'homme du directeur : cet employé ne
devrait recevoir ses pouvoirs et ses instructions
que du conseil. Les statuts ont voulu le contraire ; ce n'est pas la seule erreur qu'il faudrait
s'empresser de rectifier.

Assemblée générale des actionnaires.

On se demande, sans doute, pourquoi M. le
secrétaire du conseil, dans son extrait du procès-
verbal, a passé sous silence l'adoption de la demande d'enquête sur les faits allégués contre la

direction par M. Caffin d'Orsigny, dans son rapport à MM. les actionnaires : cette décision si importante n'aurait pas dû échapper à la mémoire de M. le baron Mallet.

Conclusion.

Après avoir démontré combien le rapport fait, au nom du conseil d'administration, à MM. les actionnaires est loin de présenter la réelle position morale et financière de Grignon, puisqu'il ne repose que sur les espérances d'une meilleure direction et sur des chiffres qui n'ont pu être ni vérifiés, ni contrôlés, nous croyons devoir reproduire les lignes suivantes, qui terminent le rapport de M. Godart :

« En attendant que, à votre première réu-
« nion, qui aura probablement lieu en décem-
« bre prochain, il vous rende compte des me-
« sures qu'il aura arrêtées, le conseil a très-
« expressément recommandé au directeur de se
« conformer, dans la direction et l'exploitation
« des travaux de l'exercice courant, aux vues
« que nous venons de vous exposer et à l'es-
« prit dans lequel sont rédigées les observations
« ci-dessus. »

Nous profiterons des dispositions manifestées par le conseil pour demander que, à la réunion promise, il présente le résultat de l'enquête ordonnée sur le rapport de M. Caffin d'Orsigny en même temps que le bilan de l'institution au 30 novembre; mais non pas un bilan fait sous la dictée de M. Bella, car le conseil n'oubliera pas qu'il nous a averti de nous tenir en garde contre la parfaite concordance arithmétique du directeur, mais bien par des personnes dignes de foi et éclairées en comptabilité comme en agriculture.

Un ACTIONNAIRE.

EXTRAIT

DU JOURNAL L'ÉCHO.

(5 septembre 1843.)

Monsieur le rédacteur,

En rendant compte des attaques dirigées contre la direction de Grignon et de la réfutation publiée par le directeur de cet établissement, vous vous êtes placé à un point de vue élevé, qui a parfaitement secondé l'impartialité qui vous est habituelle et à laquelle j'aime à rendre hommage. *Il est cependant un point sur lequel votre jugement, justement préoccupé des effets fâcheux que produisent d'ordinaire les distributions de dividendes pendant les premières années des sociétés commerciales, s'est laissé entraîner hors des limites qu'il s'était imposées.*

Cette préoccupation, je l'avoue, était d'autant plus naturelle, que, de toutes les grandes industries nationales, l'agriculture est certainement celle que la variation des saisons expose le plus aux vicissitudes d'une production inégale et qui, par conséquent, a le plus besoin de capitaux de réserve. Vous eussiez donc parfaitement apprécié l'industrie agricole en disant que *Grignon eût peut-être mieux fait de tenir en réserve ses premiers bénéfices que de les distribuer sous forme de dividende*, si Grignon eût été placé dans des conditions ordinaires par la pénurie des capitaux; mais il n'en était pas ainsi: l'importance de notre capital d'exploitation, qui ne devait être engagé complétement qu'au bout d'un assez grand nombre d'années, pouvait tenir lieu, dans ce cas, de capital de réserve; d'ailleurs, je dois vous dire que ce n'est pas sur ma proposition, mais bien sur celle de l'honorable M. Ternaux, son banquier, que la Société a voté ces dividendes.

14**

La conséquence de ces considérations a été
critique pour votre jugement ; elle vous a entraîné
à conclure que « le directeur de Grignon, en
« épuisant ainsi ses ressources les plus sûres,
« s'est peut-être vu forcé d'enfler certaines esti-
« mations pour maintenir le chiffre de son actif. »
Or c'est là une interprétation que je repousse de
toutes mes forces, et que sans doute vous-même
vous trouverez peu charitable, quand vous pren-
drez garde que cette nécessité d'enfler certaines
estimations n'existait nullement, puisque *le rapport du conseil d'administration constatait un
excédant d'actif fort considérable.*

Quant aux fermages payés réellement par les
anciens fermiers, les exagérations de M. Caffin
ne vous ont pas échappé ; vous en avez beaucoup
réduit le montant, mais je dois vous dire, monsieur, que de nouveaux renseignements pris
auprès de l'honorable M. Vavasseur viennent de
me démontrer que cette réduction est insuffi-
sante : les fermiers de Grignon ne payaient réellement, comme faisances, que 12 hectolitres
d'avoine et quatre cents bottes de foin, plus les
impositions, qui ne se montaient qu'à environ
2,000 fr. (au lieu de 2,900), de sorte qu'il faut
encore réduire le prix de fermage adopté par
vous de près de 1,900 fr.

Agréez, etc. A. BELLA.

(199)

Tout ce qui peut tendre à réfuter complétement
le mémoire qui a été publié contre l'administration de Grignon sera toujours accueilli par nous
avec empressement; et si, par hasard, en rendant compte de ce fatal débat, nous avions commis quelques erreurs, si nous avions mal apprécié
certains faits, nous serions heureux d'en faire
la rectification.

M. Bella, dans la lettre qui précède, paraît
s'être vivement préoccupé de l'opinion que nous
avons émise sur la distribution prématurée de
dividendes; sur certaines estimations de son inventaire; enfin il croit qu'il y a insuffisance
dans les redressements que nous avons faits aux
chiffres donnés par M. Caffin, comme représentant la valeur locative de l'ancien Grignon.

Un mot d'explication sur chacun de ces articles.

En regrettant que l'administration de Grignon
ait cru devoir distribuer des dividendes à ses
actionnaires, qui n'y comptaient guère, au
lieu de mettre en réserve les sommes disponibles, pour en disposer dans des temps meilleurs et plus sûrs, nous n'avons pas, ce nous
semble, fait porter exclusivement le blâme sur

l'honorable M. Bella. Le conseil d'administration doit en supporter sa part; mais nous pensons que, *si M. Bella ne s'était pas laissé entraîner lui-même au désir, très-pardonnable, sans doute, mais évidemment mal réfléchi, de persuader au public agricole qu'il avait des bénéfices de culture, il eût eu assez d'influence sur le conseil pour faire rejeter la proposition de M. Ternaux.* Voilà, à propos de ces dividendes anticipés, le fond de notre opinion.

M. Bella est fort en règle sans doute; on ne revient pas, après quinze ans, sur des comptes acceptés, voilà le droit de M. le directeur de Grignon; mais le public, puisqu'on l'initie avec raison à ces mystères, a le droit de dire ce qu'il en pense: c'est un abus ou un avantage inévitable des temps actuels, dont chacun doit savoir prévoir ou supporter les conséquences.

S'agit-il maintenant de l'actif de Grignon? L'honorable M. Bella sait que jamais, à aucune époque, nous n'avons partagé son avis relativement au montant des engrais en terre; un instant, dans notre dernier article, nous avons accepté son argumentation; c'est peut-être une faiblesse, mais, puisque M. Bella accuse notre charité que nous croyions aussi large que possible, nous répéterons ce que nous avons toujours dit : que cette valeur ne devait figurer dans

les comptes que pour mémoire, et non pas comme
un actif réalisable ; car, en matière d'inventaire,
il ne faut jamais appeler *actif* que ce qui a une
valeur positive et susceptible de passer en d'autres mains sans rabais. Or, pour la régularité des
comptes, et pour attribuer à chaque année de
culture ses avantages et ses charges, nous admettons qu'il était essentiel de faire figurer les
fumiers aux bilans annuels ; mais, entendons-
nous, seulement pour ordre, et non pas comme
valeur active. M. Bella est d'un avis contraire ;
il fait figurer à son actif cette valeur que nous
regardons comme fort contestable sous plusieurs
rapports, et, dans tous les cas, comme fort éventuelle : selon nous, il commet une erreur, et voilà
pourquoi *nous regrettons qu'il n'ait pas prévu
l'objection et qu'il ait épuisé, par des distributions inutiles de dividendes, des ressources réelles, et se soit vu ainsi forcé, pour maintenir son
actif, d'y porter des valeurs très-contestables.*

Quant au fermage réellement payé par les anciens fermiers, nous avouons que, s'il n'y avait
dans tout ce débat que cette question, nous en
aurions fait fort peu de cas. Qu'importerait, en
effet, que madame Vavasseur eût payé, il y a
quinze ans, 50 ou 80 fr. de fermage par hectare à madame la duchesse d'Istrie, si Grignon
était aujourd'hui en pleine voie de prospérité et

si ses inventaires annuels présentaient un actif incontestable ? Mais la question devient sérieuse quand M. Bella, tant dans sa communication au conseil d'administration que dans ses *Annales* (10e livraison), prétend que *la valeur locative des terres de Grignon est aujourd'hui double de ce qu'elle était il y a quinze ans*, et quand, à l'appui de cette assertion, il ne se présente aucune preuve.

A sa place, nous aurions autrement agi ; nous aurions franchement reconnu notre erreur, s'il y en avait eu de notre part ; ou bien, les pièces à la main, c'est-à-dire avec le bail de madame Vavasseur, nous serions venus détruire les assertions de M. Caffin.

Un fait est un fait, rien ne peut empêcher qu'il ne soit. M. Caffin dit que, par un bail passé devant Me Fourchy, notaire, à Paris, le 26 mai 1821, madame Vavasseur affermait à Grignon 251 hectares de terre, moyennant 14,000 fr. de prix principal ; c'est déjà 57 fr. 50 c. environ par hectare et non pas 50 fr., comme M. Bella le prétend : or madame Vavasseur payait, en outre, 2,000 fr. d'impôts ; nous adoptons le chiffre de M. Bella, ci. . . . . 2,000 »

Elle devait pour faisances, tou-

A reporter. . 2,000 »

Report.	2,000	»

jours d'après le même bail, 12 sacs
d'avoine que nous estimons à 20 fr. — 240 »

400 bottes de paille à 20 fr.. .. — 80 »

Plus, des voitures pour les réparations ordinaires, pour transporter
les foins à Paris, à l'hôtel de la maréchale, pour remplir la glacière,
pour les lessives, pour réparer les
chemins; trois voitures de fumiers;
la culture de 2 arpents de terre,
des pigeons, des noix; voulez-vous
que tout cela ne soit estimé que
600 fr., c'est bien peu, soit. . . — 600 »

Elle payait, en outre, une année
d'avance à la maréchale; il est bien
juste de lui compter l'intérêt de cette
avance : nous le porterons à 6 pour
100; en industrie ce n'est pas trop,
soit. . . . . — 884 »

Ce sera une somme de. . . . — 3,804 »
à ajouter au prix du bail. . . — 14,400 »

En tout. . . . . . . — 18,204 »

Qui, divisés par 250 hectares, donnent, pour
chaque hectare, un fermage de 72 fr. 50 c.

Nous n'avons pas adopté l'évaluation des faisances faite par M. Caffin ; nous avons réduit cette évaluation de plus de moitié, et nous trouvons le chiffre de 72 fr. 50 c. par hectare : or 72 fr. 50 c. ne sont pas 50 fr.

En vérité, nous ne voyons pas pourquoi M. Bella soutient, sans en administrer la preuve, ce malencontreux chiffre de 50 fr. Au fond, comme nous l'avons dit, nous n'y attacherions pas grande importance ; mais, comme M. Bella, et vis-à-vis du public et vis-à-vis de ses actionnaires, ne doit rien avancer qui ne soit clair comme le jour, nous ne pouvons nous empêcher de regretter qu'il ait, sur ce terrain, donné prise à son adversaire.

Au résumé, à tout péché miséricorde! M. Bella a fait à Grignon d'excellentes choses ; à lui l'honneur! Il a commis quelques fautes ; à lui la responsabilité! Il aurait donc tort de soutenir que tout est bien, et, si nous avons regretté que M. Caffin ait mis trop de passion à l'attaque, nous regretterions encore davantage que M. Bella n'apportât pas dans sa défense le calme et la précision que réclament sa position et sa dignité.

LETTRE DE M. CAFFIN (1)

A M. LE RÉDACTEUR DE L'ÉCHO DES ARTS AGRI-
COLES ET INDUSTRIELS.

Monsieur le rédacteur,

Dans votre journal du 20 août, vous avez publié un article intitulé *Grignon*, dans lequel vous signalez, pour les critiquer, plusieurs des faits qui sont contenus dans un rapport que j'ai fait au conseil d'administration de l'institution royale agronomique, sur la situation morale et financière de cet établissement, et vous opposez à mes explications et à mes chiffres les chiffres et les explications de M. le directeur, dans le but, dites-vous, d'empêcher que d'autres feuilles ne s'en occupent avec moins d'impartialité que vous-même et ne provoquent un scandale que vous voulez éviter.

Il n'entre pas dans mon intention d'ouvrir la

---

(1) L'*Écho* du 10 septembre n'a donné qu'un court extrait de cette lettre.

discussion sur une prétendue réfutation dont la forme a déjà fait apprécier le fond à sa juste valeur; le but de cette lettre est de ne répondre, comme je le dois, qu'aux accusations aussi nombreuses qu'erronées qu'un zèle imprudent vous a dictées.

Je comprends facilement que M. Bella cherche, par tous les moyens, à faire croire à ses amis que les personnes qui préfèrent les intérêts de Grignon et de l'agriculture à ceux de sa famille ne peuvent être mues que par des sentiments d'animosité personnelle; mais, d'après la lettre que vous m'avez forcé de vous écrire le 18 juin dernier, j'espérais que vous ne reviendriez plus sur la ridicule accusation de jalousie intéressée ou de sentiments étrangers à la prospérité de l'institution.

Avant de vous poser encore une fois en champion quand même de M. Bella, vous auriez prudemment agi, je crois, en attendant le résultat de l'enquête qui a été ordonnée sur mon rapport; si vous aviez médité sur celui fait par M. Godart-Desmaret au nom d'un conseil composé, comme vous le dites, des hommes les plus honorables; vous y auriez trouvé, cachée sous l'expression d'une exquise politesse, plus d'une grave accusation, qu'un homme moins présomptueux que M. Bella n'aurait pas supportée ; cela vous aurait

averti de vous tenir en garde contre les affir-
mations qu'il prodigue avec une rare impudence,
et vous auriez probablement répété avec moins
d'assurance que les retranchements de M. Caffin, au compte de l'actif, paraissent ne pouvoir
être admis et que les explications données par
M. Bella semblent suffisantes.

Pour les contradictions, que vous traitez de
malheureuses, sur des faits qui auraient dû tout
d'abord être reconnus des parties intéressées, vous
citez une déclaration qui aurait le bénéfice d'une
apparente authenticité, dans la 10ᵉ livraison des
Annales, où M. Bella a entrepris de démontrer
l'importance des améliorations qu'il a eu le bon-
heur de faire dans le sol de Grignon, étant parvenu,
disait-il, à élever la valeur locative jusqu'au prix
de 90 fr. l'hectare, tandis que madame Vavasseur, fermière précédente, ne payait pas un prix
excédant 50 fr. l'hectare; mais il sera permis de
croire que cette rodomontade pouvait servir alors
à motiver, sinon à justifier *un prélèvement de
2,064 fr. 42 cent. que l'auteur s'était attribués
sur des bénéfices dont les actionnaires attendent
encore vainement leur part.*

Aussi, là-dessus, vous invitez M. le directeur à
expliquer clairement le prix de 50 fr., comme
M. Caffin, dont les chiffres ne peuvent, selon

vous, manquer d'être *très - contestables sans doute*, a établi, de son côté, celui de 80 fr.

Eh bien, monsieur le rédacteur, qu'il me soit permis de relever une partie des erreurs dans lesquelles M. Bella, vous a fait tomber, et vous reconnaîtrez que l'on doit conserver mes chiffres et toutes les conséquences qui s'y rattachent.

J'ai dit que le bail de madame Vavasseur était de 20,498 fr. pour 251 hectares 92 centiares, soit 80 fr. l'hectare; cependant je dois avouer que, après un examen plus attentif du bail, je me suis aperçu que les 300 fr. mentionnés dans mon rapport (page 14) sont portés pour 18 hectolitres de blé, tandis qu'ils n'auraient dû figurer que pour la différence du prix du cours, lors des livraisons, à celui auquel madame Vavasseur livrait ces 18 hectolitres à la maréchale, qui ne devait les payer que 16 fr. 65 cent., quel que fût le prix de cette denrée au marché; c'était peut-être une erreur de 150 fr. Mais madame Vavasseur était tenue de toutes les réparations locatives, de rendre les lieux en bon état à la fin du bail, et, notez bien ceci, de payer une année d'avance, ce qui équivalait bien à une augmentation de 1,000 fr. de la valeur annuelle du fermage; de payer, pour le compte du propriétaire, les impositions foncières, mobilières, des portes et fenêtres, les taxes de guerre, les centimes additionnels et tous autres impôts, de telle nature que ce soit, dont les biens étaient ou pouvaient être imposés par la suite ; ainsi, vous voyez bien que je suis resté bien en deçà en ne portant le prix du bail de madame Vavasseur qu'à 20,198 fr.

Quant aux autres faisances, elles sont toutes au bail ; vous verriez si elles devaient être portées et si vous n'avez pas trop prématurément avancé *que j'en ai exagéré la valeur de moitié.*

Je vous invite à prendre la peine de voir le bail en question, que vous trouverez dans les mains de M. Bella ou dans l'étude de Mᵉ Fourchy, notaire, à Paris, sous la date du 26 mai 1821, enregistré le 31 ; vous pourrez dire du moins, avec pleine conviction, pour cette fois, où était le mensonge, où était la vérité.

Ainsi donc, comme, par la même occasion, vous pourrez vous convaincre que madame Vavasseur ne jouissait que de 251 hectares 92 centiares et qu'elle ne payait pas moins de 20,198 fr., vous saurez à quoi vous en tenir sur la fidélité des annales rédigées par M. Bella ; ce serait peut-être l'occasion de vous rappeler ce que vous avez dit en parlant de ce point de controverse : si M. Caffin a raison, nous le dirons volontiers.

J'aborde maintenant un autre point de la con-

troverse, celui de la position où seraient les actionnaires, si la direction de M. Bella n'eût été
ni plus ni moins savante que celle des fermiers
qui cultivent tout auprès du soi-disant élève de
Thaër. Et, d'abord, je dois déclarer ici que, par
une étourderie que je ne chercherai pas à excuser, j'ai, dans le calcul de 1,167,755 fr., omis
de défalquer le prix des quinze années de fermage, à 7,500 fr. l'an, soit 142,500 fr., que les
actionnaires auraient payés à la liste civile, ce
qui aurait réduit le premier chif-
fre à. . . . . 1,055,255 »

A quoi j'avais aussi oublié d'a-
jouter le montant de divers dons
faits à l'institution. 104,463 52
                                    ————————
En totalité. . 1,159,718 52

Revenant aux bases de mon premier calcul,
je dis que, si l'on avait eu affaire à un fermier
qui n'aurait pas été un savant à la manière de
M. Bella, on aurait perçu annuellement un fermage de 30,809 fr. 66 cent., savoir :

Suivant le taux de l'ancien bail. . 20,198 »
Pour la pêche des étangs. . . 1,666 66
La vente des bois. . . . . 7,000 »
                                    ————————
A reporter. . 28,864 66

Report.	28,864	66
La vente de la haute futaie.	2,445	»
La jouissance du château.	2,000	»
La réserve de 30 hectares.	2,000	»
La chasse.	1,500	»
	36,809	66

A DÉDUIRE :

Pour réparations annuelles.	1,000		
Portier.	800	6,000	»
Garde.	700		
Impositions.	3,500		
Reste.		30,809	66

Ce loyer de 30,809 fr., multiplié par quinze
années, aurait donné la somme
de. . . . . 462,135 »

Les intérêts à 4 pour 100 de
ces 462,135 fr. . . . . 18,485 »

Ce fermier ayant reçu le capital de 300,000 fr. des actionnaires, il en aurait servi les intérêts
à 5 pour 100, pour quinze ans. . . 225,000 »

En tout. . . . . 705,620 »

Report.	705,620 »
Sur quoi la Société aurait payé à la liste civile le fermage de quinze années à 7,500 fr.	112,500 »
Il serait resté.	593,120 »
Mais, comme ce fermier aurait exploité pour le compte de la Société, celle-ci aurait joui du tiers du bénéfice attribué.	462,135 »
Elle aurait aussi profité des dons faits à l'institution.	104,463 »
Conséquemment, elle aurait pu percevoir dans les quinze années.	1,159,748 »

Maintenant, monsieur le rédacteur, retranchez de ces 1,159,748 fr. tout ce que vous voudrez pour le payement de larges honoraires au fermier, à un état-major luxueux et d'essais infructueux, bien que ces essais aient été interdits à la direction qui ne devait s'occuper que de l'application des principes raisonnés de la culture et des bonnes méthodes consacrées par l'expérience, ainsi qu'il est dit page 33 de la deuxième livraison des *Annales*; vous ne trouverez jamais que cette somme ait dû se réduire, comme vous le dites, *à rien*, si l'administration avait été tant soit peu intelligente; et si encore, comme il y a lieu de le craindre, une forte partie du capital se trouve compromise, vous arriverez sans doute; vous qui, par sympathie autant que par devoir, êtes une des sentinelles avancées de l'agriculture, vous arriverez à reconnaître qu'il serait bien temps de voir les intérêts de l'agriculture et des actionnaires placés au-dessus de ceux d'un homme qui ne saurait avoir d'autre mérite, aux yeux des personnes les plus prévenues en sa faveur, qu'une bonne volonté stérile.

Il est vrai qu'armé des observations de M. Bella, vous repoussez avec force l'estimation des réserves faites par madame la maréchale, et vous dites que M. Bella affirme qu'on ne peut porter le produit de la pêche qu'à. . . . . . . 1,000 »

   Celui de la vente du bois qu'à. . 3,000 »

   Celui de la haute futaie qu'à. . . 1,200 »

   Celui de la chasse qu'à.. . . . 1,200 »

Que la réserve de 30 hectares n'existe pas;

Que la jouissance du château ne doit pas être comptée.

Vous êtes plein de confiance dans sa déclaration et vous n'hésitez pas à adopter ses chiffres.

Mais c'est précisément parce que M. le directeur ne sait pas plus tirer parti de ces différentes sources de produit qu'il n'a su le faire pour les bœufs, les vaches, les moutons, les volailles, les abeilles, la magnanerie, les prairies naturelles et artificielles, etc., comme pour l'économie de la ferme en général, qu'il est urgent de couper court à une pareille gestion ; car, si l'on admettait les déclarations de M. Bella, ses chiffres et la situation financière de l'institution comme une position normale, on arriverait à cette conclusion absurde : que la terre de Grignon, sous l'empire d'une culture perfectionnée, ne doit pas même couvrir ses frais.

Effectivement, en admettant, comme M. Bella le prétend, que le produit de la pêche n'est que de. . . . . 1,000 »

Celui de la coupe des bois, de. . 3,000 »
Celui de la haute futaie, de. . . 1,200 »
Celui de la chasse, de. . . . . 1,200 »

Si l'on ajoutait seulement la modique somme de 1,100 fr., pour la jouissance du château et des jardins, on obtiendrait 7,500 fr. pour ces produits, et cette somme équivaudrait au prix du bail que la Société doit à la liste civile : alors il resterait la jouissance de la ferme, composée actuellement de 282 hectares de terres et prés pour lesquels M. Bella n'aurait à rendre ni loyer, ni impôt foncier ; car les biens de la liste civile, comme vous le savez, ne sont chargés que des centimes additionnels et des charges communales ; ainsi il n'y avait pas eu erreur de ma part, en ne portant cet article que pour 1,448 fr. 12 c., et ce n'était pas le cas de mettre de grands points d'exclamation en disant : *Évidemment il y a erreur sur ce chiffre de 1,448 fr. 12 c. que M. Caffin compte à la maréchale pour 3,500 fr.!* Madame la maréchale, apparemment, ne jouissait pas des prérogatives de la couronne.

Que diriez-vous d'un agriculteur à qui l'on confierait un capital de 300,000 fr. pour faire valoir une ferme de 282 hectares de terres et prés qui, n'ayant à payer ni loyers ni impôts fonciers, qui n'ayant pour toute charge que les réparations ; que diriez-vous enfin si, après quinze années de jouissance, ce même agriculteur n'avait pas obtenu le moindre bénéfice, mais même les moyens de payer l'intérêt à 4 pour 100 du capital mis à sa disposition ?

Vous avez encore fait quelques citations que je ne puis passer sous silence. Vous dites que, par ma lettre du 18 juin à l'*Écho*, j'ai avoué que Grignon était le plus bel établissement agronomique de l'Europe ; mais cela n'a pas cessé d'être vrai dans ce sens qu'aucun autre ne réunissait peut-être autant d'éléments de prospérité indépendants de la direction ; et je suis étonné que, pour justifier votre prétention à l'impartialité, vous ayez retranché le reste de ma phrase, qui exprimait tout mon regret de voir un aussi bel établissement compromis par l'incurie du directeur.

Vous dites aussi que, dans une bonne comptabilité, il est impossible de ne pas porter en ligne de compte la valeur des fumiers répandus sur le sol, et que cette valeur, qui est portée à 53,159 fr., ne doit pas être retranchée de l'actif ; et vous donnez pour comparaison que le marnage d'une terre qui coûte 25 à 30,000 fr. doit être amorti chaque année de la jouissance du bail. Permettez-moi de ne pas être de votre avis là-dessus : fumer la terre est une charge du bail ; aussi est-il dit, dans tous les baux à ferme, comme dans celui de madame Vavasseur, « de labourer, de cultiver, « *fumer* et ensemencer, et de convertir en fu- « mier toutes les pailles et feurres provenant de « la terre, sans pouvoir en vendre, ni enlever, « et de laisser à la fin du bail tous les fumiers « et pailles provenant de la récolte des terres. »

Ainsi, puisqu'il est évident que les pailles appartiennent au sol et sont immeubles par destination, elles ne peuvent donc figurer à l'actif du fermier.

Une autre preuve sur laquelle votre conviction n'est pas douteuse : si un fermier est poursuivi par des créanciers et qu'une saisie soit exercée, elle n'a jamais d'action sur les pailles et fumiers ;

ils n'appartiennent pas au fermier, ils ne font pas partie de son actif. L'art. 524 du code civil dit aussi que les pailles et fumiers sont immeubles par destination. Il n'en est pas de même du marnage des terres, puisque ce n'est pas une charge du bail et que, pour en exercer le droit, il faut en avoir obtenu la permission du propriétaire.

En voilà assez, je crois, pour vous convaincre que c'est avec justice que j'ai supprimé cette valeur de l'actif.

Après ces explications, vous ne penserez plus, je l'espère, *que les retranchements de M. Caffin, au compte de l'actif, vous paraissent ne pouvoir être admis et que les explications données, à cet égard, par M. Bella vous semblent suffisantes.*

Vous ne penserez plus, non plus, *que je n'ai pas su éviter l'écueil et que la passion m'a égaré.*

Vous ne penserez plus que *j'exagère les évaluations des faisances du bail de madame Vavasseur.*

Et, enfin, vous renoncerez à l'idée *que j'ai écrit sous l'influence de quelque malheureuse et aveugle excitation.*

En définitive, si M. Bella vous paraît un homme de sens, tâchez de lui faire comprendre que la présentation d'un bilan *fidèle* était la meilleure réponse qu'il eût pu faire ; et si, malheureusement, comme tout porte à le croire, ce bilan ne doit que justifier les doutes qui pèsent depuis trop longtemps sur ses hautes capacités en économie agricole, faites un appel à son patriotisme pour qu'il préserve l'institution de toutes les améliorations dont on connaît trop bien maintenant le juste prix, et qu'il ait la générosité d'abandonner un poste pénible où il lui devient plus impossible que jamais de faire le bien.

Vous priant et vous requérant au besoin, monsieur le rédacteur en chef, d'insérer cette lettre dans votre plus prochain numéro, sans aucune addition ni retranchement,

J'ai l'honneur de vous saluer,

CAFFIN D'ORSIGNY.

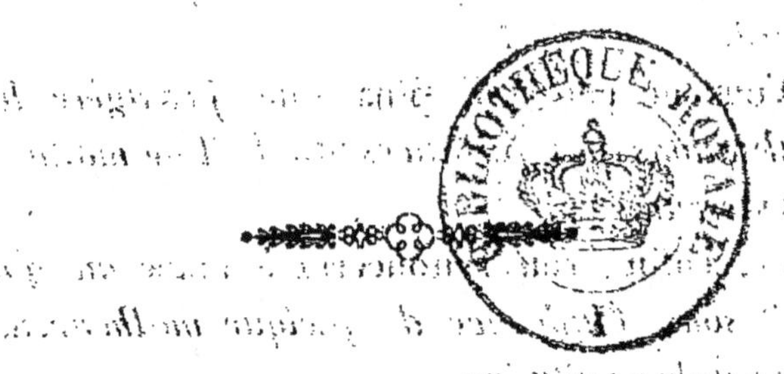

IMPRIMERIE DE A. HENRI,
rue Gît-le-Cœur, n° 8.

La première rotation est de 1829 à 1835.   La seconde est de 1836 à 1842.

LES BLÉS (a).	ont produit dans la première rotation.	Blé d'hiver.	21 h. 47	et	24 h. 18 dans la seconde.	
	— — —	Blé de mars.	22 13	et	28 04	—
	ont coûté dans la première rotation.		299 f. »	par hectare et	444 f. »	—
LE COLZA (c).	a produit dans la première rotation.		24 h. 14	et	16 h. 56	—
	a coûté dans la première rotation.		373 f. »	par hectare et	383 f. »	—
LES BETTERAVES (d).	ont produit dans la première rotation.		41,765 k. »	et	33,850 k. »	—
	ont coûté dans la première rotation.		422 f. »	par hectare et	462 f. »	—
LES PRAIRIES NATURELLES.	ont donné dans la première rotation.		147 » de bénéfice par hect. et 38		37	—
LE TRÈFLE.	a dépensé dans la première rotation.		63 72	par hectare et	108 78	—
LA LUZERNE.	a dépensé dans la première rotation.		97 35	par hectare et	139 »	—
LE SAINFOIN.	a dépensé dans la première rotation.		92 94	par hectare et	159 »	—
LES GAZONS.	ont constamment perdu.					
LE JARDIN.	a constamment perdu.					
LES POMMIERS A CIDRE.	ont produit dans la première rotation.		3,355 h. 86	et	3,449 h. »	—
	ont coûté dans la première rotation.		1,413 f. »	et	2,069 f. »	—
LES FOURRAGES ANNUELS.	ont constamment perdu. La première rotation de 1828 à 1835 a donné une perte de.		2,196 69	et	22,787 86	—

Il en est à peu près de même des bestiaux.

LES VACHES.	ont perdu dans la première rotation.	9,350 91	et	18,113 68	—
LES MOUTONS.	ont perdu dans la première rotation.	36,166 58	et	41,522 32	—
LES VOLAILLES.	ont perdu dans la première rotation.	873 04	et	1,458 29	—
LA FÉCULERIE.	avait produit en moyenne dans la première rotation.	13 k. 13 de fécule pour 100 k. de pommes de terre.			
	a rendu dans la seconde rotation.	10 81	—	—	—

Et depuis, dans l'exercice de 1841-42, il a été consommé 578,330 kilogrammes de pommes de terre, qui n'ont rendu que 9 kilogrammes 76 pour 0/0 de fécule au lieu de 17 kilogrammes qu'obtiennent toutes les fabriques, ce qui établit un bénéfice de 7,864 f. en faveur de ces dernières, tandis que Grignon a perdu 718 f. 75 c.

LA FABRIQUE D'INSTRUMENTS	a gagné dans la première rotation.	7,527 f. »	et	369 f. » dans la seconde.	
	a dépensé dans la première rotation.	75,300 »	et	62,242 »	—
LES BOIS.	ont produit dans la première rotation.	69,720 86	et	2,098 »	—
	ont coûté dans la première rotation.	74,452 »	et	65,897 »	—

Les récoltes d'orge, d'avoine et de seigle ont été plus abondantes dans la seconde rotation ; mais comment ne pas s'étonner de l'énorme augmentation de frais que ces récoltes ont subie ? ainsi

LE SEIGLE.	a coûté dans la première rotation.	195 f. »	l'hectare et	376 f. 36 dans la seconde.	
L'ORGE.	a coûté dans la première rotation.	302 »	l'hectare et	327 46	—
L'AVOINE (b).	a coûté dans la première rotation.	221 »	l'hectare et	353 »	—

(a) L'hectolitre de blé est revenu à 14 f. 01 c. la première période et à 15 f. 91 c. la seconde, en ne comptant pas la paille.

(b) L'hectolitre d'avoine est revenu à 5 61 la première période et à 6 48 la seconde, —

(c) L'hectolitre de colza est revenu à 16 55 la première période et à 23 12 la second, —

(d) Le mille de betteraves revient à 10 11 la première rotation et à 13 06 la seconde, —

BILAN DEPUIS LA CRÉATION de la Société.	1re LIVRAISON, page 57; INVENTAIRE, 1er juillet 1828.	3e LIVRAISON, page 81; INVENTAIRE, 30 juin 1829.	4e LIVRAISON, page 144; INVENTAIRE, 1er juillet 1831.	5e LIVRAISON, page 120; INVENTAIRE, 1er juillet 1833.	6e LIVRAISON, page 133; INVENTAIRE, 1er juillet 1835.	7e LIVRAISON, page 95; INVENTAIRE, 30 avril 1836.	8e LIVRAISON, page 157; INVENTAIRE, 1er avril 1837.	9e LIVRAISON, page 25; INVENTAIRE, 30 avril 1838.	10e LIVRAISON, page (1); INVENTAIRE, 30 avril 1840.	11e LIVRAISON, page 7; INVENTAIRE, 30 avril 1841.
Actionnaires	200,400 »	78,800 »	7,200 »	6,000 »	» »	» »	» »	» »	4,000 »	3,200 »
Caisse	28,977 34	273 37	11,213 42	11,336 47	2,020 80	1,461 18	5,717 27	2,417 14	1,874 51	4,503 34
Dernière année de fermage	» »	14,400 »	14,400 »	14,400 »	14,400 »	» »	» »	» »	» »	» »
Amélioration foncière	19,080 77	63,421 87	90,205 33	99,369 45	158,736 35	158,736 35	70,561 26	70,076 38	78,051 87	74,236 21
Mobilier de ferme	» »	26,731 13	25,976 86	27,033 59	44,507 07	29,573 25	56,028 45	59,361 10	31,718 35	29,141 30
Animaux	» »	39,099 37	48,411 75	48,004 53	43,935 06	51,703 93	50,917 75	57,734 »	54,886 85	58,806 95
Engrais	73,963 62	» »	56,711 03	64,185 09	» »	» »	» »	» »	52,800 07	35,429 78
Avance aux cultures	» »	44,327 09	» »	» »	70,828 12	81,843 24	86,405 71	95,887 10	38,573 22	42,801 23
Avance aux fabriques	35,861 35	» »	» »	» »	» »	» »	» »	» »	» »	» »
Marchandises en magasin à la consommation	» »	» »	» »	» »	» »	» »	» »	» »	» »	21,190 02
id. id. à la vente	» »	36,750 54	36,900 02	21,692 13	60,271 »	49,976 72	52,274 72	64,236 25	47,172 94	13,392 07
Bois brut et ouvré	» »	30,138 73	9,410 38	13,827 08	» »	» »	» »	» »	» »	» »
Pièces d'eau	» »	» »	» »	» »	» »	» »	» »	» »	» »	» »
Matériaux en magasin	» »	2,285 68	6,332 56	4,096 26	» »	» »	» »	» »	1,483 27	2,067 80
Instruments à la vente	» »	» »	1,065 85	2,247 »	» »	» »	» »	» »	» »	» »
Avance à l'école	» »	» »	12,893 63	20,116 13	» »	» »	» »	» »	20,119 06	14,275 15
Pépinière	» »	» »	» »	» »	» »	» »	» »	» »	5,517 02	5,264 96
Jardin potager	» »	» »	» »	3,114 30	» »	» »	» »	» »	614 »	250 42
Débiteurs divers	1,193 85	7,699 04	13,306 90	10,832 44	8,384 00	25,741 35	34,169 16	40,276 54	20,531 80	10,309 57
Augmentation du capital des terres	4,353 18	4,414 73	11,972 06	12,264 46	» »	» »	» »	» »	» »	» »
Mobilier de la féculerie	» »	» »	2,058 55	1,934 75	» »	» »	» »	» »	» »	» »
Mobilier de forge et de charronnerie	» »	» »	3,427 25	8,814 75	» »	» »	» »	» »	4,750 75	4,515 46
Fécule en magasin, etc.	» »	» »	» »	26,331 15	» »	» »	» »	» »	15,577 34	9,029 78
Mobilier d'école	» »	» »	» »	» »	» »	14,719 95	» »	» »	27,815 20	34,210 38
Avance au champ d'école	» »	» »	» »	» »	» »	» »	» »	» »	450 81	» »
Compte personnel des élèves	» »	» »	» »	» »	» »	» »	» »	» »	» »	7,752 80
Bourses du gouvernement	» »	» »	» »	» »	» »	» »	» »	» »	» »	2,720 56
Bourses du département	» »	» »	» »	» »	» »	» »	» »	» »	» »	9,525 29
Appointements dus par le ministère	» »	» »	» »	» »	» »	» »	» »	» »	» »	3,882 09
	354,734 11	350,020 55	358,261 48	391,760 18	409,146 32	413,815 95	350,374 95	389,999 01	406,085 21	406,244 35

PASSIF.

	1re LIVRAISON	3e LIVRAISON	4e LIVRAISON	5e LIVRAISON	6e LIVRAISON	7e LIVRAISON	8e LIVRAISON	9e LIVRAISON	10e LIVRAISON	11e LIVRAISON
Capital des actions	300,000 »	300,000 »	300,000 »	307,200 »	307,200 »	307,200 »	307,200 »	307,200 »	307,200 »	308,400 »
Paille trouvée dans la ferme	2,210 »	3,928 86	3,928 86	3,928 86	3,928 86	3,928 86	3,928 86	3,928 86	3,928 86	3,928 86
Domaine privé ou loyer	7,845 83	15,291 66	30,291 66	37,791 66	60,291 66	67,291 66	» »	» »	» »	» »
Créanciers divers	2,945 15	4,639 01	408 35	» »	16,225 95	17,652 32	24,393 12	39,572 57	» »	1,808 35
Dividende restant dû	» »	» »	853 51	3,119 61	» »	4,607 71	» »	» »	19,563 71	21,883 71
Employés, compte d'épargne	» »	» »	2,484 01	5,400 05	» »	» »	» »	» »	4,308 63	7,498 32
TOTAL DU PASSIF	312,800 98	323,859 53	337,746 39	357,536 36	387,646 47	395,180 55	335,522 06	341,701 43	335,001 10	343,519 24
EXCÉDANT DE L'ACTIF SUR LE PASSIF	51,933 13	32,161 02	20,518 00	34,223 20	21,499 85	18,635 40	23,752 27	48,297 58	71,684 11	62,725 11

(1) Le compte de cette année n'est pas dans les Annales; il est le relevé de l'inventaire porté sur les livres de la Société.